湖北省野生兰科植物图鉴

覃 瑞 刘 虹 兰德庆 主编

科 学 出 版 社

北 京

内 容 简 介

　　本书采用金效华等中国野生兰科植物六亚科新分类系统,在大量野外科学考察的基础上,收录湖北省野生兰科植物54属138种。本书汇聚2020~2021年度开展的湖北省兰科植物资源专项补充调查最新发现,图文并茂地介绍湖北省兰科植物的主要特征、花果期、生境、濒危等级和地理分布等,并提供2~4幅适生环境下的生态色彩图片。

　　本书可供广大植物学科研工作者及对植物感兴趣的科学爱好者参考。

图书在版编目(CIP)数据

湖北省野生兰科植物图鉴/覃瑞,刘虹,兰德庆主编.—北京:科学出版社,2023.10
　ISBN 978-7-03-076603-8

　Ⅰ.①湖… Ⅱ.①覃… ②刘… ③兰… Ⅲ.①兰科-野生植物-湖北-图集 Ⅳ.①Q949.71-64

中国国家版本馆CIP数据核字(2023)第191201号

责任编辑:邵　娜　程雷星 / 责任校对:高　嵘
责任印制:彭　超 / 封面设计:莫彦峰

科 学 出 版 社 出版
北京东黄城根北街 16 号
邮政编码:100717
http://www.sciencep.com

武汉精一佳印刷有限公司印刷
科学出版社发行　各地新华书店经销
*
开本:787×1092 1/16
2023 年 10 月第 一 版　印张:15 1/2
2023 年 10 月第一次印刷　字数:368 000
定价:258.00元
(如有印装质量问题,我社负责调换)

前　言

　　湖北省地处中国第二级阶梯，位于秦岭南侧，武陵山脉、巫山山脉、大巴山脉、大别山脉等横亘境内，全省除高山地区外，大部分为亚热带季风性湿润气候。鄂西山地，地处大巴山西段，是中亚热带气候和北亚热带气候的分界线，区内水热条件良好、环境复杂，完整的生态系统和生物资源为兰科植物的生存、繁衍提供了优越条件。

　　由于得天独厚的地理位置和资源状况，近年来，湖北省受到国内外很多植物学家的重视，在他们的考察中，有大量兰科植物被发现。爱尔兰植物学家亨利（Henry）和英国植物学家威尔逊（Wilson）分别多次在鄂西采集植物资源与标本，发现不少兰科植物新种，并以两人为命名人。《湖北植物大全》收录兰科植物 51 属 129 种，《湖北植物志》收录兰科植物 46 属 103 种；费永俊等对大别山、大洪山、神农架等山区进行兰科种群调查，记载了 32 属 51 种兰科植物的生态分布特征；杨林森等在 2015 年发表的文章中记载，湖北省野生兰科植物有 54 属 141 种，分别占中国野生兰科植物的 28.88% 和 9.74%。

　　2013 年 4 月，湖北省林业厅发布了《第二次国家重点保护野生植物资源调查湖北省实施细则》，该次调查范围覆盖了全省 12 个地级市、1 个自治州、1 个林区，以及 8 个国家级自然保护区、19 个省级自然保护区、16 个市级保护区、6 个县级保护区和 176 个保护小区。虽然第一次的普查工作做得比较仔细，但调查科目和种类相对较多，且时间短、任务急，对兰科植物的具体分布范围、新物种、新地理分布及种群现状等调查仍有待补充。因此，在 2020 年国家林业和草原局开展的湖北省野生兰科植物资源专项补充调查中，我们联合湖北省野生动植物保护总站，按照兰科植物资源专项补充的调查工作方案和技术规程的要求，将湖北省关注度颇高的濒危兰科植物作为调查的目的物种，并对其进行专项补充的调查，重点摸清兰科植物在湖北省的主要分布区域与资源现状。此次调查设置样线 169 条、样方 2208 个，其中固定样方 453 个，临时样方 1755 个，设置样木 63 个。大量的调查数据，使得我们对湖北省野生兰科植物的资源分布有了更深入的了解。

　　分类系统的变化和物种名称的修订是造成兰科植物鉴别困难的重要原因。随着分子系统学的发展，《中国植物志》(*Flora of China*)中采用了最新的分子系统学研究成果，许多重要的科属概念被重新界定。根据 APG IV 系统和 Chase 等重新界定的兰科植物分类系统，以及

2019 年金效华等编著的《中国野生兰科植物原色图鉴》，结合近年来分子系统学的部分成果和其他学者的观点，本书整理了湖北省野生兰科植物的基本科属分类，共记载湖北省野生兰科植物 54 属 138 种。书中按照兰科植物各属名称顺序依次介绍每个属的特征、种数，以及在湖北省的分布和数量，并对一些重要或有争议的物种进行说明和评述。本书收录的兰科植物照片来自作者野外调查所拍摄的照片，少数物种在查证湖北省野生兰科植物标本后，采用同行提供的照片，在此一并感谢晏启、陈炳华、谭飞、杨南、马良等提供的精美图片。

在结束湖北省野生兰科植物资源专项补充调查工作之后，我们深感对所处这片土地的了解之浅。虽然经过这么多年的积累，我们已走过湖北省各地区，但是很多神秘的角落依然等待着人们的探索，鄂西山地、鄂东北大别山脉，以及鄂东南幕阜山脉片区都处于两省（直辖市）交界处，地形复杂，垂直变化很大，植被的垂直分布十分明显，有利于兰科植物的生长、发育、繁殖和进化，孕育了兰科植物的多样性。这些区域兰科植物多样性远高于湖北省其他地区，有多个湖北省新分布记录甚至是新物种的发现。

对于湖北省野生兰科植物的新发现，我们感到非常兴奋，在现代分子进化与系统发育学迅速发展的今天，兰科植物这个在植物系统演化上高度特化的类群也在飞速地发展和变化，大量的物种名称已经变更，新记录和新物种的发现也是层出不穷。因此在结束野外调查工作后，我们就马不停蹄地开始了湖北省野生兰科植物的鉴别、分类整理工作，以期能更快地和各位读者分享湖北省野生兰科植物的绚烂多姿。

本书由国家林业和草原局野生动植物保护司、湖北省林业局、湖北省野生动植物保护总站、中南民族大学共同参与编撰。在此书即将出版之际，对这些年来给予我们资助和帮助的单位及个人致以崇高的敬意和衷心的感谢！本书的出版得到了"国家林业和草原局兰科野外资源专项调查项目"的资助，在此一并致以衷心的感谢！由于编者水平、时间、精力有限，书中难免有不足之处，敬请各位读者批评指正！

编　者

2023年3月

目　　录

第一章 朱兰族 Trib. Pogonieae

一、朱兰属
Pogonia Juss.

地生草本，较小，常有直生的短根状茎以及细长而稍肉质的根，有时有纤细的走茎。茎较细，直立，在中上部具1枚叶。叶扁平，椭圆形至长圆状披针形，草质至稍肉质，基部具抱茎的鞘，无关节。花中等大，通常单朵顶生，少有2~3朵；花苞片叶状，但明显小于叶，宿存；萼片离生，相似；花瓣通常较萼片略宽而短；唇瓣3裂或近于不裂，基部无距，前部或中裂片上常有流苏状或髯毛状附属物；蕊柱细长，上端稍扩大，无蕊柱足；药床边缘啮蚀状；花药顶生，有短柄，向前俯倾；花粉团2个，粒粉质，无花粉团柄与着粉腺（又称黏盘）；柱头单一；蕊喙宽而短，位于柱头上方。

全属共5种，分布于东亚与北美。我国有3种。湖北省仅有1种，分布于恩施土家族苗族自治州利川市、巴东县、宣恩县。

朱兰

朱兰族 Trib. Pogonieae

朱兰属 *Pogonia*

1 朱兰 *Pogonia japonica*

形态特征： 植株高 10~25 cm。根状茎直生，具稍肉质根；茎中部或中上部具 1 枚叶。叶稍肉质，近长圆形或长圆状披针形，基部抱茎。花苞片叶状，狭长圆形、线状披针形或披针形；花梗和子房长 1~1.8 cm，明显短于花苞片；花单朵顶生，向上斜展，常紫红色或淡紫红色；萼片狭长状倒披针形，先端钝或渐尖，中脉两侧不对称；花瓣与萼片相似，近等长，但明显较宽；唇瓣近狭长圆形，向基部略收狭，中部以上 3 裂；侧裂片顶端有不规则缺刻或流苏；中裂片舌状或倒卵形，边缘具流苏状齿缺；蕊柱细长，上部具狭翅。蒴果长圆形。

物候期： 花期 5~7 月，果期 9~10 月。

生境： 生于山顶草丛中、山谷旁林下、灌丛下湿地或其他湿润之地，海拔 400~2000 m。

分布： 恩施土家族苗族自治州利川市、巴东县、宣恩县。

濒危等级： NT 近危。

第二章 香荚兰族 Trib. Vanilloideae

二、山珊瑚属
Galeola Lour.

腐生草本或半灌木状，常具较粗厚的根状茎。茎常较粗壮，直立或攀缘，稍肉质，黄褐色或红褐色，无绿叶，节上具鳞片。总状花序或圆锥花序顶生或侧生，具多数稍肉质的花；花序轴被短柔毛或秕糠状短柔毛；花苞片宿存；花中等大，通常黄色或带红褐色；萼片离生，背面常被毛；花瓣无毛，略小于萼片；唇瓣不裂，通常凹陷成杯状或囊状，多少围抱蕊柱，明显大于萼片，基部无距，内有纵脊或胼胝体；蕊柱一般较为粗短，上端扩大，向前弓曲，无蕊柱足；花药生于蕊柱顶端背侧；花粉团2个，每个具裂隙，粒粉质，无附属物；柱头大，深凹陷；蕊喙短而宽，位于柱头上方。果实为荚果状蒴果，干燥，开裂。种子具厚的外种皮，周围有宽翅。

全属约6种，主要分布于亚洲热带地区，从中国南部和日本至新几内亚岛，以及非洲马达加斯加岛均可见到。我国产6种。湖北省有2种，分布于恩施土家族苗族自治州宣恩县、宜昌市五峰土家族自治县、神农架林区。

毛萼山珊瑚

香荚兰族 Trib. Vanilloideae   山珊瑚属 *Galeola*

2 直立山珊瑚 *Galeola falconeri*

形态特征: 较高大植物,半灌木状。茎直立,黄棕色,高1m以上,下部近无毛,上部疏被锈色短毛。圆锥花序由顶生与侧生总状花序组成;侧生总状花序长5~12cm;总状花序基部的不育苞片狭卵形,长2~2.5cm,无毛;花苞片狭椭圆形,常与花序轴垂直,背面密被锈色短绒毛;花梗和子房密被锈色短绒毛;花黄色;萼片椭圆状长圆形,背面密被锈色短绒毛;花瓣稍狭于萼片,无毛;唇瓣宽卵形或近圆形,不裂,凹陷,下部两侧多少围抱蕊柱,近基部处变狭并缢缩而形成小囊,边缘有细流苏与不规则齿,内面密生乳突状毛。

物候期: 花期6~7月,果期7~9月。

生境: 生于林中透光处、竹林下、阳光强烈的伐木迹地等,海拔800~2300m。

分布: 神农架林区。

濒危等级: VU 易危。

香荚兰族 Trib. Vanilloideae

山珊瑚属 *Galeola*

3 毛萼山珊瑚 *Galeola lindleyana*

形态特征: 高大植物,根状茎粗厚,疏被卵形鳞片。茎直立,红褐色,基部多少木质化,高 1~3 m,多少被毛或老时变为秃净,节上具宽卵形鳞片。圆锥花序由顶生与侧生总状花序组成;侧生具数朵至 10 余朵花;总状花序基部的不育苞片卵状披针形,近无毛;花苞片卵形,背面密被锈色短绒毛;花梗和子房密被锈色短绒毛;花黄色;萼片椭圆形至卵状椭圆形,背面密被锈色短绒毛并具龙骨状突起;侧萼片稍长于中萼片;花瓣宽卵形至近圆形,略短于中萼片,无毛;唇瓣杯状,不裂,边缘具短流苏,蕊柱棒状;果近长圆形,淡棕色,种子具翅。

物候期: 花期 5~8 月,果期 9~10 月。

生境: 生于疏林下、稀疏灌丛中、沟谷边腐殖质丰富、湿润、多石处,海拔 740~2200 m。

分布: 神农架林区、宜昌市五峰土家族自治县、恩施土家族苗族自治州宣恩县。

濒危等级: LC 无危。

毛萼山珊瑚

第三章　杓兰族 Trib. Cypripedieae

三、杓兰属
Cypripedium L.

地生草本，具横走根状茎和许多较粗厚的纤维根。茎直立，成簇生长或疏离，无毛或具毛，基部常有数枚鞘。叶 2 枚至数枚，互生、近对生或对生，有时近铺地；叶片通常椭圆形至卵形，较少心形或扇形，具折扇状脉、放射状脉或 3~5 条主脉，有时有黑紫色斑点。花序顶生，通常具单花或少数具 2~3 朵花，极罕具 5~7 朵花；花苞片通常叶状，明显小于叶，少有非叶状或不存在；花大，通常较美丽；中萼片直立或俯倾于唇瓣之上；2 枚侧萼片通常合生而成合萼片，仅先端分离，位于唇瓣下方；花瓣平展、下垂或围抱唇瓣；唇瓣为深囊状、球形、椭圆形或其他形状，一般有宽阔的囊口，囊口有内弯的侧裂片和前部边缘，囊内常有毛；蕊柱短，圆柱形，常下弯，具 2 枚侧生的能育雄蕊、1 枚位于上方的退化雄蕊和 1 个位于下方的柱头；花药 2 室，具很短的花丝；花粉粉质或带黏性，但不黏合成花粉团块；退化雄蕊通常扁平，椭圆形、卵形或其他形状，有柄或无柄，极罕舌状或线形；柱头肥厚，略有不明显的 3 裂，表面有乳突。蒴果。

分布于东亚、北美、欧洲等温带地区和亚热带山地，向南可达喜马拉雅地区和中美洲的危地马拉。我国广布于自东北地区至西南山地和台湾高山，绝大多数种类均可供观赏。湖北省分布于恩施土家族苗族自治州各县，宜昌市五峰土家族自治县，黄冈市，神农架林区，襄阳市，随州市，咸宁市。文后介绍属下 8 个种：毛瓣杓兰 *Cypripedium fargesii*、大叶杓兰 *Cypripedium fasciolatum*、黄花杓兰 *Cypripedium flavum*、毛杓兰 *Cypripedium franchetii*、紫点杓兰 *Cypripedium guttatum*、绿花杓兰 *Cypripedium henryi*、扇脉杓兰 *Cypripedium japonicum*、离萼杓兰 *Cypripedium plectrochilum*。

毛杓兰

杓兰族 Trib. Cypripedieae

杓兰属 *Cypripedium*

4 毛瓣杓兰 *Cypripedium fargesii*

形态特征: 株高约10 cm; 茎直立, 顶端具2枚叶。叶近对生, 铺地; 叶片宽椭圆形至近圆形, 先端钝, 上面绿色并有黑栗色斑点, 无毛。花葶顶生, 具1朵花; 无苞片; 子房具3棱, 棱被柔毛; 花较美丽; 萼片淡黄绿色, 中萼片基部密生栗色斑点, 花瓣带白色, 内面有淡紫红色条纹, 外面有细斑点, 唇瓣黄色, 有淡紫红色细斑点; 中萼片卵形或宽卵形, 背面脉被微柔毛, 合萼片椭圆状卵形, 先端具2微齿; 花瓣长圆形, 内弯包唇瓣, 背面上侧及近顶端密被长柔毛, 边缘具长缘毛, 唇瓣深囊状, 近球形, 腹背扁, 囊的前方具小疣状突起; 退化雄蕊卵形或长圆形。

物候期: 花期5~7月, 果期7~8月。

生境: 生于海拔1900~3100 m的灌丛下、疏林中或草坡上腐殖质丰富处。

分布: 恩施土家族苗族自治州咸丰县、宜昌市五峰土家族自治县。

濒危等级: EN 濒危。

杓兰族 Trib. Cypripedieae

杓兰属 *Cypripedium*

5 大叶杓兰 *Cypripedium fasciolatum*

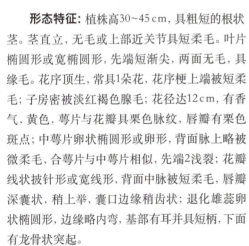

形态特征： 植株高30~45 cm，具粗短的根状茎。茎直立，无毛或上部近关节具短柔毛。叶片椭圆形或宽椭圆形，先端短渐尖，两面无毛，具缘毛。花序顶生，常具1朵花，花序梗上端被短柔毛；子房密被淡红褐色腺毛；花径达12 cm，有香气，黄色，萼片与花瓣具栗色脉纹，唇瓣有栗色斑点；中萼片卵状椭圆形或卵形，背面脉上略被微柔毛，合萼片与中萼片相似，先端2浅裂；花瓣线状披针形或宽线形，背面中脉被短柔毛，唇瓣深囊状，稍上举，囊口边缘稍齿状；退化雄蕊卵状椭圆形，边缘略内弯，基部有耳并具短柄，下面有龙骨状突起。

物候期： 花期4~5月，果期6~8月。

生境： 生于海拔1600~2900 m的疏林中、山坡灌丛下或草坡上。

分布： 神农架林区。

濒危等级： EN 濒危。

大叶杓兰 生境

杓兰族 Trib. Cypripedieae　　　　　　　　　　　　　　杓兰属 *Cypripedium*

6 黄花杓兰 *Cypripedium flavum*

形态特征：植株高达50cm；根状茎粗短；茎直立，密被短柔毛；叶3~6枚，椭圆形或椭圆状披针形，两面被短柔毛；花序顶生，常具1朵花，稀2朵花，花序梗被短柔毛；苞片被短柔毛；花梗和子房密被褐色或锈色短毛；花黄色，有时有红晕，唇瓣偶有栗色斑点；中萼片椭圆形，背面中脉与基部疏被微柔毛，合萼片宽椭圆形，先端几不裂，具微柔毛和细缘毛；花瓣近长圆形，先端钝，唇瓣深囊状，囊底具长柔毛；退化雄蕊近圆形或宽椭圆形，蒴果狭倒卵形。

物候期：花期6~7月，果期8~9月。

生境：生于海拔1800~3450m林下、林缘、灌丛中或草地上多石湿润之地。

分布：神农架林区、宜昌市五峰土家族自治县。

濒危等级：VU 易危。

杓兰族 Trib. Cypripedieae

杓兰属 *Cypripedium*

7 毛杓兰 *Cypripedium franchetii*

形态特征: 植株高25~40cm;茎直立,密被长柔毛,上部毛更密;叶3~5枚,椭圆形或卵状椭圆形,两面脉疏被短柔毛;花序顶生,具1朵花,花序梗密被长柔毛;苞片两面脉具疏毛;花梗和子房密被长柔毛;花淡紫红或粉红色,有深色脉纹;中萼片椭圆状卵形或卵形,背面脉疏被短柔毛,合萼片椭圆状披针形,先端2浅裂,背面脉被短柔毛;花瓣披针形,内面基部被长柔毛,唇瓣深囊状;退化雄蕊卵状箭头形,基部具短耳和很短的柄,背面略有龙骨状突起。

物候期: 花期5~7月,果期7~9月。

生境: 生于海拔1500~3700m的疏林下或灌木林中湿润、腐殖质丰富和排水良好的地方,也见于湿润草坡上。

分布: 神农架林区。

濒危等级: VU 易危。

杓兰族 Trib. Cypripedieae

杓兰属 *Cypripedium*

8 紫点杓兰 *Cypripedium guttatum*

形态特征: 植株高15~25 cm; 根状茎细长, 横走; 茎直立, 被短柔毛和腺毛; 顶端具叶, 叶2枚, 常对生或近对生, 生于植株中部或中部以上, 椭圆形或卵状披针形, 具平行脉; 花序顶生1朵花, 花序梗密被短柔毛和腺毛; 花梗和子房被腺毛; 花白色, 具淡紫红或淡褐红色斑; 中萼片卵状椭圆形, 背面基部常疏被微柔毛, 合萼片窄椭圆形, 先端2浅裂; 花瓣常近匙形或提琴形, 先端近圆, 唇瓣深囊状, 钵形或深碗状, 囊口宽; 退化雄蕊卵状椭圆形, 先端微凹或近平截, 上面有纵脊, 背面龙骨状突起; 蒴果近窄椭圆形, 下垂, 被微柔毛。

物候期: 花期5~7月, 果期7~9月。

生境: 生于海拔500~4000 m的林下、灌丛中或草地上。

分布: 神农架林区。

濒危等级: EN 濒危 。

杓兰族 Trib. Cypripedieae

杓兰属 *Cypripedium*

9 绿花杓兰 *Cypripedium henryi*

形态特征: 植株高30~60 cm, 具较粗短的根状茎。茎直立, 被短柔毛, 基部具数枚鞘, 鞘上方具4~5枚叶。叶片椭圆状, 先端渐尖, 无毛或在背面近基部被短柔毛。花序顶生, 通常具2~3朵花; 花苞片叶状, 卵状披针形, 先端尾状渐尖, 通常无毛, 偶见背面脉上被疏柔毛; 花梗和子房密被白色腺毛; 花绿色至绿黄色; 中萼片卵状披针形, 先端渐尖, 背面脉上和近基部处稍有短柔毛; 合萼片与中萼片相似, 先端2浅裂; 花瓣线状披针形, 先端渐尖, 通常稍扭转, 内表面基部和背面中脉上有短柔毛; 唇瓣深囊状, 椭圆形, 囊底有毛, 囊外无毛; 退化雄蕊椭圆形或卵状椭圆形, 基部具柄, 背面有龙骨状突起。蒴果近椭圆, 被柔毛。

物候期: 花期4~5月, 果期6~7月。

生境: 生于海拔800~2800 m的疏林下、林缘、灌丛坡地上湿润和腐殖质丰富地。

分布: 神农架林区、宜昌市五峰土家族自治县、恩施土家族苗族自治州。

濒危等级: NT 近危。

杓兰族 Trib. Cypripedieae

杓兰属 *Cypripedium*

10 扇脉杓兰 *Cypripedium japonicum*

形态特征: 植株高8~55cm; 根状茎较细长, 横走; 茎直立, 被褐色长柔毛; 叶常2枚, 近对生, 扇形, 上部边缘钝波状, 基部近楔形, 具扇形辐射状脉直达边缘, 两面近基部均被长柔毛; 花序顶生1朵花, 花序梗被褐色长柔毛; 苞片两面无毛; 花梗和子房密被长柔毛; 花俯垂; 萼片和花瓣淡黄绿色, 基部多少有紫色斑点, 唇瓣淡黄绿或淡紫白色, 多少有紫红色斑纹; 中萼片窄椭圆形或窄椭圆状披针形, 无毛, 合萼片先端2浅裂; 花瓣斜披针形, 唇瓣下垂, 囊状, 囊口略窄长, 位于前方, 周围有凹槽呈波浪状缺齿; 蒴果近纺锤形, 疏被微柔毛。

物候期: 花期4~5月, 果期6~7月。

生境: 生于海拔1000~2000m的林下、灌木林下、林缘、溪谷旁、荫蔽山坡等湿润和腐殖质丰富的土壤上。

分布: 鄂西地区、大别山地区。

濒危等级: LC 无危。

杓兰族 Trib. Cypripedieae

杓兰属 *Cypripedium*

11 离萼杓兰 *Cypripedium plectrochilum*

形态特征： 植株高12~30cm；茎直立，被短柔毛；叶常3枚，椭圆形或窄椭圆状披针形，长4.5~6cm，背面脉稀有微柔毛；花序顶生，具1朵花，花序梗纤细，被短柔毛；花梗和子房密被短柔毛；萼片栗褐或淡绿褐色；花瓣淡红褐或栗褐色，边缘白色，唇瓣白色，带粉红色晕；中萼片卵状披针形，内外基部稍被毛，侧萼片离生，线状披针形，基部与边缘具毛；花瓣线形，唇瓣深囊状，略斜歪，囊口具短柔毛，囊底有毛；退化雄蕊宽倒卵形或方状倒卵形，花丝很短，背面有龙骨状突起；蒴果窄椭圆形，有棱，棱被短柔毛。

物候期： 花期4~6月，果期6~8月。

生境： 生于海拔2000~3600m的林下、林缘、灌丛中或草坡上多石之地。

分布： 神农架林区、宜昌市五峰土家族自治县。

濒危等级： NT 近危。

第四章 药粉兰族 Trib. Cranichideae

四、金线兰属
Anoectochilus Blume

地生兰。根状茎伸长,茎状,匍匐,肉质,具节;节上生根。茎直立,或向上伸展,圆柱形,具叶。叶互生,稍肉质,部分种的叶片上面具杂色的脉网或脉纹,基部通常偏斜,具柄。花大、中等大或较小,倒置或不倒置,排列成疏散或较密集的、顶生的总状花序;萼片离生,背面通常被毛,中萼片凹陷,舟状,与花瓣黏合呈兜状;侧萼片常较中萼片稍长,基部围绕唇瓣基部;花瓣较萼片薄,膜质,与中萼片近等长,常斜歪;唇瓣基部与蕊柱贴生,基部凹陷呈圆球状的囊,囊小,伸出于侧萼片基部之外;唇瓣前部多明显扩大成2裂,其裂片叉开,中部收狭成爪,其两侧多具流苏状细裂条或具锯齿,基部囊或距的末端2浅裂或不裂,其内面中央具1枚纵向隔膜状的龙骨状的褶片,在它的两侧各具1枚肉质胼胝体;蕊柱短,前面两侧常各具1枚纵向、平行的翼状的附属物;花药2室;花粉团2个,每个多少纵裂为2,棒状,为具小团块的粒粉质,共同具1个黏盘;蕊喙通常直立,叉状2裂;柱头2个,离生,凸出,位于蕊喙基部前方或基部的两侧。

全世界共43种,分布于亚洲热带地区至大洋洲。我国有15种,产于西南部至南部。湖北省分布1种,产神农架林区。

金线兰

药粉兰族 Trib. Cranichideae

金线兰属 *Anoectochilus*

12 金线兰 *Anoectochilus roxburghii*

形态特征: 根状茎匍匐。茎具2~4枚叶。叶卵圆形或卵形,上面暗紫或黑紫色,具金红色脉网,下面淡紫红色,基部近平截或圆;叶柄基部鞘状抱茎。花序轴淡红色,和花序梗均被柔毛,花序梗具2~3枚鞘苞片;花苞片淡红色,披针形,子房长圆柱形,不扭转,被柔毛。花白色或淡红色,不倒置,萼片背面被柔毛,中萼片卵形,凹陷呈舟状,与花瓣黏合呈兜状。花瓣质地薄,近镰刀状,唇瓣呈Y字形,基部具圆锥状距,前部扩大并2裂,裂片近长圆形或近楔状长圆形。

物候期: 花期8~9月,果期9~10月。

生境: 生于海拔50~1600m的常绿阔叶林下或沟谷阴湿处。

分布: 神农架林区。

濒危等级: EN 濒危。

五、斑叶兰属
Goodyera R. Br.

地生草本。根状茎常伸长，茎状，匍匐，具节，节上生根。茎直立，短或长，具叶。叶互生，稍肉质，具柄，上面常具杂色的斑纹。花序顶生，具少数至多数花，总状，罕有因花小、多而密似穗状；花常较小或小，罕稍大，偏向一侧或不偏向一侧，倒置（唇瓣位于下方）；萼片离生，近相似，背面常被毛，中尊片直立，凹陷，与较狭窄的花瓣黏合呈兜状；侧萼片直立或张开；花瓣较萼片薄，膜质；唇瓣围绕蕊柱基部，不裂，无爪，基部凹陷呈囊状，前部渐狭，先端多少向外弯曲，囊内常有毛；蕊柱短，无附属物；花药直立或斜卧，位于蕊喙的背面；花粉团2个，狭长，每个纵裂为2，为具小团块的粒粉质，无花粉团柄，共同具1个大或小的黏盘；蕊喙直立，长或短，2裂；柱头1个，较大，位于蕊喙之下。蒴果直立，无喙。

全世界约98种，主要分布于北温带，向南可达墨西哥、东南亚、澳大利亚和大洋洲岛屿，非洲的马达加斯加岛也有。我国产33种，全国均产，以西南部和南部最多。湖北省内广泛分布，属下有7种。

大花斑叶兰

粉药兰族 Trib. Cranichideae

斑叶兰属 *Goodyera*

13 大花斑叶兰 *Goodyera biflora*

形态特征: 植株高 5~15cm;根状茎长;茎具 4~5 枚叶;叶卵形或椭圆形,长 2~4cm,基部圆,上面具白色均匀网状脉纹,下面淡绿色,有时带紫红色;叶柄长 1~2.5cm;苞片披针形,下面被柔毛;子房扭转,被柔毛,连花梗长 5~8mm;花长筒状,白或带粉红色;萼片线状披针形,背面被柔毛,中萼片与花瓣粘合呈兜状;花瓣白色,无毛,稍斜菱状线形,唇瓣白色,线状披针形,基部凹入呈囊状,内面具多数腺毛,前部舌状,长为囊长的 2 倍,先端向下卷曲;花药三角状披针形。

物候期: 花期 7~8 月,果期 8~10 月。

生境: 生于海拔 560~2200m 的林下阴湿处。

分布: 湖北省内广泛分布。

濒危等级: NT 近危。

大花斑叶兰

药粉兰族 Trib. Cranichideae   斑叶兰属 *Goodyera*

14 波密斑叶兰 *Goodyera bomiensis*

形态特征: 植株高19~30cm; 根状茎短; 叶基生, 密集呈莲座状, 5~6枚, 卵圆形或卵形, 基部心形、圆形或平截, 叶片绿色, 上面具白色不均匀斑纹; 叶柄极短; 苞片卵状披针形; 子房纺锤形, 扭转, 密被棕色腺状柔毛; 花白或淡黄白色, 半张开, 萼片白色或背面带淡褐色, 中萼片窄卵形, 背面近基部疏生棕色腺状柔毛, 与花瓣粘合呈兜状, 侧萼片窄椭圆形, 背面无毛; 花瓣白色, 斜菱状倒披针形, 先端钝, 无毛, 唇瓣卵状椭圆形, 舟状, 下部囊状, 外弯, 囊内无毛, 在中部中脉两侧各具2~4枚乳头状突起, 近基部具脊状褶片。

物候期: 花期5~8月, 果期8~9月。

生境: 生于海拔900~3650m的山坡阔叶林至冷杉林下阴湿处。

分布: 神农架林区。

濒危等级: VU 易危。

波密斑叶兰

药粉兰族 Trib. Cranichideae

斑叶兰属 *Goodyera*

15 光萼斑叶兰 *Goodyera henryi*

形态特征: 植株高10~15cm。根状茎伸长、茎状、匍匐，具节。茎直立，绿色，具4~6枚叶。叶常集生于茎的上半部，叶片偏斜的卵形至长圆形，绿色，先端急尖，基部钝或楔形，具柄。花茎无毛，花序梗极短，总状花序具3~9朵密生的花；花苞片披针形，先端渐尖，无毛；子房圆柱状纺锤形，绿色，无毛；花中等大，白色，或略带浅粉红色，半张开；萼片背面无毛，具1脉，中萼片长圆形，凹陷，先端稍钝或急尖，与花瓣黏合呈兜状；侧萼片斜卵状长圆形，凹陷，先端急尖；花瓣菱形，先端急尖，基部楔形，具1条脉，无毛；唇瓣白色，卵状舟形。

物候期: 花期8~9月，果期9~10月。

生境: 生于海拔400~2400m的林下阴湿处。

分布: 神农架林区，恩施土家族苗族自治州宣恩县、鹤峰县。

濒危等级: VU 易危。

药粉兰族 Trib. Cranichideae

斑叶兰属 *Goodyera*

16 小斑叶兰 *Goodyera repens*

形态特征： 植株高 10~25cm；根状茎长，匍匐；茎直立，具 5~6 枚叶；叶卵形或卵状椭圆形，先端尖，基部钝或宽楔形，长 1~2cm，具白色斑纹，下面淡绿色；叶柄长 0.5~1cm；苞片披针形，长 5mm；子房圆柱状纺锤形，扭转，被疏腺状柔毛，连花梗长 4mm；花白色，带绿或带粉红色，萼片背面有腺状柔毛，中萼片卵形或卵状长圆形，长 3~4mm，与花瓣粘合呈兜状，侧萼片斜卵形或卵状椭圆形，长 3~4mm；花瓣斜匙形，无毛，长 3~4mm；唇瓣卵形，长 3~3.5mm，基部凹入呈囊状，宽 2~2.5mm，内面无毛，前端短舌状，略外弯。

物候期： 花期 7~8 月，果期 9~10 月。

生境： 生于海拔 700~2600m 的山坡、沟谷林下。

分布： 湖北省内广泛分布。

濒危等级： LC 无危。

小斑叶兰

药粉兰族 Trib. Cranichideae

斑叶兰属 *Goodyera*

17 斑叶兰 *Goodyera schlechtendaliana*

形态特征： 植株高 15~35cm；根状茎匍匐；茎直立，绿色，具 4~6 枚叶；叶卵形或卵状披针形，上面具白或黄白色不规则点状斑纹，下面淡绿色，基部近圆或宽楔形；花茎高 10~28cm，被长柔毛，具 3~5 枚鞘状苞片；花序疏生几朵至 20 余朵近偏向一侧的花；苞片披针形，背面被柔毛；子房扭转，被长柔毛，连花梗长 0.8~1cm；花白或带粉红色，萼片背面被柔毛，中萼片窄椭圆状披针形，舟状，与花瓣粘合呈兜状，侧萼片卵状披针形；花瓣菱状倒披针形，唇瓣卵形，基部凹入呈囊状，内面具多数腺毛，前端舌状，略下弯；花药卵形。

物候期： 花期 5~8 月，果期 8~9 月。

生境： 生于海拔 500~2800m 的山坡或沟谷阔叶林下。

分布： 湖北省内广泛分布。

濒危等级： NT 近危。

斑叶兰

药粉兰族 Trib. Cranichideae

斑叶兰属 *Goodyera*

18 歌绿斑叶兰 *Goodyera seikoomontana*

形态特征： 高 15~18cm。根状茎伸长，茎状，匍匐，具节。茎直立，绿色，具 3~5 枚叶。叶片椭圆形或长圆状卵形，颇厚，绿色，叶面平坦，具 3 条脉，先端急尖或渐尖。花茎长 8~9cm，被短柔毛，下部具 2 枚椭圆形，微带红褐色的鞘状苞片；总状花序具 1~3 朵花；花苞片披针形，先端渐尖，无毛；子房圆柱形，具少数毛，连花梗长 1~1.3cm；花较大，绿色，张开，无毛；中萼片卵形，凹陷，先端急尖，具 3 条脉，与花瓣黏合呈兜状；侧萼片向后伸张，椭圆形，先端急尖，具 3 条脉；花瓣偏斜的菱形，先端钝，基部渐狭，具 1 条脉；唇瓣卵形，基部凹陷呈囊状。

物候期： 花期 7~8 月，果期 9 月。

生境： 生于海拔 700~1300m 的林下。

分布： 咸宁市通山县。

濒危等级： VU 易危。

药粉兰族 Trib. Cranichideae   斑叶兰属 *Goodyera*

19 绒叶斑叶兰 *Goodyera velutina*

形态特征： 植株高 8~16cm；根状茎长；茎暗红褐色，具 3~5 枚叶；叶卵形或椭圆形，基部圆，上面深绿色或暗紫绿色，天鹅绒状，沿中脉具白色带，下面紫红色；叶柄长 1~1.5cm；苞片披针形，红褐色；子房圆柱形，扭转，绿褐色，被柔毛，连花梗长 0.8~1.1cm；花萼片微张开，淡红褐或白色，凹入，背面被柔毛，中萼片长圆形，与花瓣黏合呈兜状，侧萼片斜卵状椭圆形或长椭圆形，先端钝；花瓣斜长圆状菱形，无毛，基部渐窄，上半部具红褐色斑，唇瓣基部囊状，内面有多数腺毛，前部舌状，舟形，先端下弯；花药卵状心形，先端渐尖。

物候期： 花期 8~10 月，果期 10~11 月。

生境： 生于海拔 700~3000m 的林下阴湿处。

分布： 神农架林区，恩施土家族苗族自治州宣恩县、巴东县、利川市、咸丰县。

濒危等级： LC 无危。

六、齿唇兰属
Odontochilus Blume

陆生草本，自养或少数菌类寄生。根状茎匍匐，圆筒状，数节，肉质；根狭丝状到纤维状，单生自根状茎节或无。茎直立或上升，基部有1到几个松散的管状鞘和一些散生或近莲座状叶，或无叶，无毛。叶绿色或紫色，偶有1~3条白色条纹，近圆形或椭圆形，斜向，具短至长叶柄状基部扩张成管状抱茎鞘。花序直立，顶生，总状，无毛或被短柔毛；花序梗具一些分散的具鞘苞片；花序轴松散或密集地生少到很多花；花苞膜质，无毛或被短柔毛。萼片无毛或被短柔毛；背萼片离生或合生一半长度与侧萼片；侧萼片类似于种萼片，完全包围唇基部。花瓣通常贴伏于中萼片，线状舌状到卵形，膜质；唇瓣3裂，其裂片的形状种species间且叉开，无距，其内面中央具细长的管状外缘，有一条完整的或流苏状褶片，少数在两侧有2条褶片，或者完全没有。蕊柱扭转或不扭转，腹侧有2个翼状的附属物；花药直立，卵球形，2室；花粉团2，倒卵球形或棒状，通常变细成细长的茎，附着在一个孤立的小子上；喙部三角状，残存不久到深裂；柱头裂片分离至汇合，直接置于喙下。蒴果椭球体。

全世界分布25种，从印度北部和喜马拉雅山脉至东南亚，北至日本，东至太平洋西南部岛屿；中国有11种。湖北省有2种，分布于恩施土家族苗族自治州宣恩县、鹤峰县，宜昌市五峰土家族自治县。

西南齿唇兰

药粉兰族 Trib. Cranichideae　　　　　　　　　　　　　齿唇兰属 *Odontochilus*

20 西南齿唇兰 *Odontochilus elwesii*

形态特征: 植株高15~25cm。根状茎伸长,匍匐,肉质,具节,节上生根。茎无毛,具6~7枚叶。叶卵形或卵状披针形,上面暗紫色或深绿色,有时具3条带红色的脉,背面淡红色或淡绿色。总状花序具2~4朵较疏生的花,花序轴和花序梗被短柔毛;萼片绿色或为白色,先端和中部带紫红色,背面被短柔毛;中萼片卵形,凹陷呈舟状,侧萼片稍张开,偏斜的卵形;花瓣白色,斜半卵形,镰状;唇瓣白色,向前伸展,呈Y字形,无毛,基部稍扩大并凹陷呈球形的囊;蕊柱粗短,前面两侧各具1枚近长圆形的片状附属物;蕊喙小,直立,叉状2裂。

物候期: 花期7~8月,果期9~10月。

生境: 生于海拔300~1500m的山坡或沟谷常绿阔叶林下阴湿处。

分布: 恩施土家族苗族自治州宣恩县、鹤峰县。

濒危等级: LC 无危。

七、旗唇兰属
Kuhlhasseltia J. J. Sm.

　　地生小草本。根状茎匍匐，肉质，具节，节上生根。茎直立，无毛，圆柱形，具叶3~6枚。叶互生、小，叶片卵形至宽披针形；叶柄短，基部具抱茎的鞘。花茎顶生，绿色或带紫红色，被毛，中部以下有时具1~2枚绿色或带粉红色的鞘状苞片；总状花序具少数花，被毛；花苞片绿色或粉红色，膜质；花小，倒置，纯白色或萼片背面带紫红色；唇瓣与花瓣多为白色，萼片在中部以下或多或少合生，钟状，背面被疏柔毛；花瓣与中萼片等长且与中萼片紧贴呈兜状；唇瓣较萼片长，呈T字形或Y字形，伸出于萼片之外，直立，基部扩大成具2浅裂的囊状距；距短，末端2浅裂；柱头2个，具细乳突，位于蕊喙之下。

　　全属约4种，分布于日本、菲律宾北部的邻近岛屿，朝鲜半岛南部及我国。中国产1种，分布于湖北省恩施土家族苗族自治州宣恩县，即旗唇兰。

旗唇兰

药粉兰族 Trib. Cranichideae

旗唇兰属 *Kuhlhasseltia*

21 旗唇兰 *Kuhlhasseltia yakushimensis*

形态特征: 植株高8~13cm。茎直立,绿色,无毛。叶卵形,肉质,基部圆;叶柄长5~7mm,基部鞘状抱茎。花茎顶生,常带紫红色,具白色柔毛,中部以下具1~2枚粉红色的鞘状苞片;总状花序带粉红色,具3~7朵花,被疏柔毛;花苞片粉红色,宽披针形,先端渐尖,边缘具睫毛,背面疏生柔毛;子房圆柱状纺锤形,扭转,近顶部略微弯曲,被疏柔毛;萼片粉红色,背面基部被疏柔毛,中萼片长圆状卵形,凹陷,直立,先端钝,具1脉;侧萼片斜镰状长圆形,直立伸展,先端钝,花瓣白色,具紫红色斑块,唇瓣白色,呈T字形,基部具囊状距。

物候期: 花期8~9月,果期9~10月。

生境: 生于海拔450~1600m的林中树上、苔藓丛中或林下或沟边岩壁石缝中。

分布: 恩施土家族苗族自治州宣恩县。

濒危等级: VU 易危。

八、菱兰属
Rhomboda Lindl.

陆生草本。根状茎匍匐，具数节，肉质；根纤维状，具长柔毛，从根状茎节产生。茎直立，无毛，基部具少数管状鞘，多叶。叶通常密集在茎先端，绿红色，中脉常为白色，披针形或椭圆形，先端锐尖，具叶柄状基部扩张成管状抱茎鞘。总状花序直立，顶生，具短柔毛；花序梗具一些分散的具鞘苞片；花苞疏生短柔毛。子房和花梗不扭曲，无毛或疏生短柔毛。萼片离生，卵状椭圆形，外表面无毛或疏生短柔毛。花瓣与背萼片合生并形成花冠，通常张开，膜质；唇瓣基部与蕊柱贴生，2裂或具短中裂或3裂，其裂片叉开，中部收狭成爪，其两侧多具流苏状细裂条或具锯齿，基部囊或距的末端2浅裂或不裂，其内面中央具1枚龙骨状的褶片，而它的两侧各具1枚肉质的胼胝体。蕊柱短，顶端突然扩张，具2个大而平行的翼状的附属物；花药2室；花粉团2个，每个多少纵裂为2，棒状，附着于一个单生的、卵形的黏盘；蕊喙三角状，短而宽，叉状2裂。蒴果直立。

全世界有22种，从喜马拉雅山和印度东北部，跨越中国南部和东南部到日本南部，以及整个东南亚到新几内亚和太平洋西南部岛屿；中国有4种，仅在湖北省宜昌市五峰土家族自治县发现分布有1种。

贵州菱兰

药粉兰族 Trib. Cranichideae

菱兰属 *Rhomboda*

22 贵州菱兰 *Rhomboda fanjingensis*

形态特征: 根状茎匍匐, 肉质。茎直立, 具3~6枚叶。叶片卵状椭圆形, 绿色或灰绿色, 中脉具1条白色的条纹, 基部收狭成管状的鞘, 具柄; 总状花序疏生6~18朵花; 花苞片卵形, 红棕色; 花倒置, 萼片和花瓣均为红色, 萼片宽卵形, 先端锐尖, 背面疏被柔毛; 花瓣为宽的半卵形, 外侧远宽于其内侧, 先端骤狭成细尖头且弯曲, 无毛; 唇瓣白色, 呈T字形, 前部明显扩大并2裂, 其裂片近倒卵形, 180°叉开, 中部收狭成短爪, 后唇囊状, 红棕色。

物候期: 花期8~9月, 果期9~10月。

生境: 生于海拔450~2200 m的山坡或沟谷密林下阴处。

分布: 宜昌市五峰土家族自治县。

濒危等级: VU 易危 。

九、绶草属
Spiranthes Rich.

　　地生草本。根数条，指状，肉质，簇生。叶基生，多少肉质，叶片线形、椭圆形或宽卵形，罕为半圆柱形，基部下延成柄状鞘。总状花序顶生，具多数朵密生的小花，似穗状，常多少呈螺旋状扭转；花小，不完全展开，倒置（唇瓣位于下方）；萼片离生，近相似；中萼片直立，常与花瓣黏合呈兜状；侧萼片基部常下延而胀大，有时呈囊状；唇瓣基部凹陷，常有2枚胼胝体，有时具短爪，多少围抱蕊柱，不裂或3裂，边缘常呈皱波状；蕊柱短或长，圆柱形或棒状，无蕊柱足或具长的蕊柱足；花药直立，2室，位于蕊柱的背侧；花粉团2个，粒粉质，具短的花粉团柄和狭的黏盘；蕊喙直立，2裂；柱头2个，位于蕊喙的下方两侧。

　　全世界有约50种，主要分布于北美洲，少数种类见于南美洲、欧洲、亚洲、非洲和大洋洲。我国产3种，广布于全国各省区市。湖北省产1种，广泛分布。

绶草

药粉兰族 Trib. Cranichideae

绶草属 *Spiranthes*

23 绶草 *Spiranthes sinensis*

形态特征: 植株高13~30cm; 根指状, 肉质, 簇生于茎基部; 茎近基部生2~5叶; 叶宽线形或宽线状披针形, 稀窄长圆形, 直伸, 基部具柄状鞘抱茎; 花茎高达25cm, 上部被腺状柔毛或无毛; 花序密生多朵花, 螺旋状扭转; 苞片卵状披针形; 子房纺锤形, 扭转, 被腺状柔毛或无毛; 花紫红、粉红或白色, 在花序轴螺旋状排生; 萼片下部靠合, 中萼片窄长圆形, 舟状, 与花瓣黏合呈兜状, 侧萼片斜披针形; 花瓣斜菱状长圆形, 与中萼片等长, 较薄; 唇瓣宽长圆形, 凹入, 前半部上面具长硬毛, 边缘具皱波状啮齿, 唇瓣基部浅囊状, 囊内具2枚胼胝体。

物候期: 花期6~8月, 果期8~9月。

生境: 生于海拔200~2500m的山坡林下、灌丛下、草地或河滩沼泽草甸中。

分布: 湖北省内广泛分布。

濒危等级: LC 无危。

十、线柱兰属
Zeuxine Lindl.

地生草本。根状茎常伸长，茎状，匍匐，肉质，具节，节上生根。茎直立，圆柱形，具叶。叶互生，常稍肉质，宽者具叶柄，狭窄者无柄，上面绿色或沿中肋具1条白色的条纹。花茎直立，被毛或无毛；总状花序顶生，具少数或多数朵花，后者似穗状花序；花小，几乎不张开，倒置（唇瓣位于下方）；萼片离生，背面被毛或无毛，中萼片凹陷，与花瓣黏合呈兜状；侧萼片围着唇瓣基部；花瓣与中萼片近等长，但较狭，较萼片薄；唇瓣基部与蕊柱贴生，凹陷呈囊状，中部收狭成爪，前部扩大，多少成2裂，叉开；囊内近基部两侧各具1枚胼胝体；蕊柱短，前面两侧具或不具纵向、翼状附属物；花药2室；花粉团2个，每个多少纵裂为2，为具小团块的粒粉质，具很短的花粉团柄，共同具1个黏盘；蕊喙常显著，直立，叉状2裂；柱头2，凸出，位于蕊喙的基部两侧。蒴果直立。

全世界有74种，分布于从非洲热带地区至亚洲热带和亚热带地区。我国有13种，产于长江流域及其以南地区，以台湾为多。湖北省产1种，分布于神农架林区。

线柱兰

药粉兰族 Trib. Cranichideae

线柱兰属 *Zeuxine*

24 线柱兰 *Zeuxine strateumatica*

形态特征: 植株高4~28cm; 根状茎短, 匍匐; 茎淡棕色, 近直立, 具多叶; 叶淡褐色, 无柄, 具鞘抱茎, 叶线形或线状披针形, 长2~8cm, 宽2~6mm, 有时均成苞片状; 总状花序几无花序梗, 密生数朵至 20 余朵花; 苞片卵状披针形, 红褐色; 花白色或黄白色; 中萼片窄卵状长圆形, 凹入, 侧萼片斜长圆形, 花瓣歪斜, 半卵形或近镰状, 与中萼片黏合呈兜状; 唇瓣淡黄或黄色, 舟状, 基部囊状, 内面两侧各具1枚近三角形胼胝体, 中部收窄成爪, 中央具沟痕; 蒴果椭圆形, 淡褐色。

物候期: 花期3~4月, 果期5~7月。

生境: 生于海拔1000m以下的沟边或河边的潮湿草地。

分布: 神农架林区。

濒危等级: LC 无危。

第五章 红门兰族 Trib. Orchideae

十一、手参属
Gymnadenia R. Br.

地生草本。块茎1或2枚,肉质,下部呈掌状分裂,裂片细长,颈部生几条细长、稍肉质的根。茎直立,具3~6枚互生的叶。叶片从线状舌形、长圆形至椭圆形,基部收狭成抱茎的鞘。花序顶生,具多数花,总状,常呈圆柱形;花较小,常密生,红色、紫红色或白色,罕为淡黄绿色,倒置(唇瓣位于下方);萼片离生,中萼片凹陷呈舟状;侧萼片反折;花瓣直立,较萼片稍短,与中萼片多少靠合;唇瓣宽菱形或宽倒卵形,明显3裂或几乎不裂,基部凹陷,具距,距长于或短于子房,多少弯曲,末端钝尖或具2个角状小突起;蕊柱短;花药长圆形或卵形,先端钝或微凹,2室,花粉团2个,为具小团块的粒粉质,具花粉团柄和黏盘,黏盘裸露,分离,条形或椭圆形;蕊喙小,无臂,位于两药室中间的下面;柱头2个,较大,贴生于唇瓣基部;退化雄蕊2个,小,位于花药基部两侧,近球形。蒴果直立。

全世界约23种,分布于欧洲与亚洲温带及亚热带山地。我国产5种,多分布于西南部,湖北省神农架林区分布1种。

西南手参

红门兰族 Trib. Orchideae   手参属 Gymnadenia

25 西南手参 *Gymnadenia orchidis*

形态特征: 植株高17~35cm; 块茎卵状椭圆形; 茎具3~5枚叶, 其上具1至数枚小叶; 叶椭圆形或椭圆状披针形; 花序密生多朵花; 苞片披针形; 花紫红或粉红, 稀带白色; 中萼片卵形, 侧萼片反折, 斜卵形, 较中萼片稍宽长, 边缘外卷, 花瓣直立, 斜宽卵状三角形, 与中萼片等长、较宽, 较侧萼片稍窄, 具波状齿, 与中萼片靠合; 唇瓣前伸, 宽倒卵形, 3裂, 中裂片较侧裂片稍大或等大, 角形; 距圆筒状, 下垂, 稍前弯, 向末端略增粗或稍渐窄, 长于子房或近等长。

物候期: 花期7~9月, 果期9~10月。

生境: 生于海拔2400~2900m的山坡林下、灌丛下和高山草地中。

分布: 神农架林区。

濒危等级: VU 易危。

十二、舌喙兰属
Hemipilia Lindl.

地生草本，具近椭圆状的块茎。茎直立，通常在基部具1~3枚鞘，鞘上方具1枚叶，罕有具2枚叶的，向上具1~5枚鞘状或鳞片退化状叶。叶片通常心形或卵状心形，无柄，基部抱茎，无毛。总状花序顶生，具数朵或10余朵花；花苞片较子房短，宿存；花中等大；萼片离生；中萼片通常直立，与花瓣黏合呈兜状，倾覆于蕊柱上方；侧萼片斜歪；花瓣一般较萼片稍小；唇瓣伸展，分裂或不裂，通常上面被细小的乳突，并在基部近距口处具2枚胼胝体；距长或中等长，内面常被小乳突；蕊柱明显；花药近兜状，药隔宽阔，药室叉开；蕊喙甚大，3裂，中裂片舌状，长可达2mm，侧裂片三角形；花粉团2个，粒粉质，由许多小团块组成，具长的花粉团柄及舟状的黏盘；黏盘着生于蕊喙的侧裂片顶端并被由侧裂片前部延伸出的膜片所包；柱头1个，稍凹陷，前部稍突出，位于蕊喙之下距口之上；退化雄蕊2，位于花药基部两侧。蒴果长椭圆状，无毛。

全属共有13种，主要产于我国西南山地与喜马拉雅地区，南面分布至泰国；我国共有9种。湖北省有3种，分布于恩施土家族苗族自治州建始县，宜昌市兴山县，神农架林区，襄阳市南漳县、保康县，十堰市竹溪县。

裂唇舌喙兰

红门兰族 Trib. Orchideae　　　　　　　　　　　　　舌喙兰属 *Hemipilia*

26 扇唇舌喙兰 *Hemipilia flabellata*

形态特征： 高 20~28cm；块茎窄椭圆状；叶心形或宽卵形，上面绿色具紫色斑点，下面紫色，基部心形或近圆；花序具 3~15 朵花；苞片披针形；花梗和子房长 1.5~1.8cm；花紫红或近白色；中萼片长圆形或窄卵形，侧萼片斜卵形或镰状长圆形，较中萼片稍长；花瓣宽卵形，先端近尖，唇瓣扇形、圆形或扁圆形，具不整齐细齿，先端平截或圆，有时微缺，爪长约 2mm，基部近距口具 2 枚胼胝体，距圆锥状圆柱形，向末端渐窄，直或稍弯，末端钝或 2 裂；蒴果圆柱形。

物候期： 花期 6~8 月，果期 9~10 月。

生境： 生于海拔 600~2100m 的林下、林缘或石灰岩石缝中。

分布： 神农架林区，襄阳市南漳县、保康县。

濒危等级： VU 易危。

红门兰族 Trib. Orchideae

舌喙兰属 *Hemipilia*

27 裂唇舌喙兰 *Hemipilia henryi*

形态特征： 高 20~32 cm；块茎椭圆状；叶卵形，先端尖或具短尖，基部心形或近圆，抱茎；花序具 3~9 朵花；苞片披针形；花梗和子房长 2~2.4 cm；花紫红色，较大；中萼片卵状椭圆形，侧萼片较中萼片长，近宽卵形，斜歪，上面被细小乳突；花瓣斜菱状卵形，上面具不明显乳突，唇瓣宽倒卵状楔形，3 裂，上面被细小乳突，基部近距口具 2 枚胼胝体，侧裂片三角形或近长圆形，先端钝或具不整齐细齿，中裂片近方形，先端 2 裂，具细尖，距窄圆锥形，基部较宽，向末端渐窄，稍弯或几不弯，末端有时钩状。

物候期： 花期 7~8 月，果期 9~10 月。

生境： 生于海拔 800~900 m 多岩石的地方。

分布： 神农架林区、十堰市房县、襄阳市南漳县。

濒危等级： EN 濒危。

裂唇舌喙兰

28 竹溪舌喙兰 *Hemipilia zhuxiense*

形态特征: 陆生直立草本。块茎椭圆形,颈部少根。茎细长,绿色带有紫色斑点,基部具1枚筒状膜质鞘。叶单生,卵状椭圆形,先端稍急尖,基部心形或收缩成抱茎的鞘,正面绿色带有紫色斑纹,很少为均匀绿色,背面淡绿色。花序顶生;花苞片披针形。花白色至粉红色,没有香味;花梗和子房直形或稍弓形。中萼片卵状椭圆形,侧生萼片宽卵形,白色至淡粉红色。花瓣倾斜卵形;唇瓣舌状倒卵形,浅囊状,正面紫粉色,背面淡粉色,边缘有时不规则浅裂,先端钝。中间具龙骨状突起,突起处呈白色;距短,漏斗状,稍向下弯曲,圆锥形,逐渐变窄,先端有时呈钩状。蕊喙舌状,紫色,先端钝圆。

物候期: 花期6~8月,果期9~10月

生境: 生于海拔500~1500m的林下或岩壁上。

分布: 十堰市竹溪县十八里长峡国家级自然保护区。

濒危等级: NE 未评估。

竹溪舌喙兰

十三、角盘兰属
Herminium L.

地生草本。块茎球形或椭圆形, 1~2枚, 肉质, 不分裂, 颈部生几条细长根。茎直立, 具1至数枚叶。花序顶生, 具多数花, 总状或似穗状; 花小, 密生, 通常为黄绿色, 常呈钩手状, 倒置 (唇瓣位于下方); 萼片离生, 近等长; 花瓣通常较萼片狭小, 一般增厚而带肉质; 唇瓣贴生于蕊柱基部, 前部3裂或不裂, 基部多少凹陷, 通常无距, 少数具短距者其黏盘卷成角状; 蕊柱极短; 花药生于蕊柱顶端, 2室, 药室并行或基部稍叉开; 花粉团2个, 为具小团块的粒粉质, 具极短的花粉团柄和黏盘, 黏盘常卷成角状, 裸露; 蕊喙较小; 柱头2个, 隆起而向外伸, 分离, 几为棍棒状; 退化雄蕊2个, 较大, 位于花药基部两侧。蒴果长圆形, 通常直立。

全世界有39种, 主要分布于东亚, 少数种也见于欧洲和东南亚。我国有35种, 主要分布于西南部, 云南、四川和西藏是其现代分布中心和分化中心。湖北省仅在恩施土家族苗族自治州利川市发现分布, 属下有1种。

叉唇角盘兰

红门兰族 Trib. Orchideae

角盘兰属 *Herminium*

29 一掌参 *Herminium forceps*

形态特征： 块茎卵圆形或长圆形；茎被柔毛，下部疏生3~5枚叶；叶窄椭圆状披针形或近披针形，基部鞘状抱茎；花序具多花；苞片披针形，先端尾状；子房微被柔毛；花绿色；中萼片卵形，近直立，侧萼片长圆形，张开，与中萼片等长；花瓣斜卵状披针形，上部肉质，和萼片近等长，唇瓣舌状披针形，或有时上部骤窄，较中萼片稍长，肉质，两侧边缘内弯呈槽状，前部较浅，距倒卵球形，末端钝；蕊柱粗短；药室近行，下部几不延长成沟；花粉团倒卵形，具短的花粉团柄和黏盘；黏盘小，圆盘形，裸露；蕊喙小，基部两侧具短的臂；柱头2个，隆起，近棒状，从蕊喙穴下沿两侧向外伸出；退化雄蕊较大，椭圆形。

物候期： 花期6~8月，果期8~10月。

生境： 生于海拔1200~3100m的山坡草地、山脚沟边或山坡栎树林下。

分布： 神农架林区。

濒危等级： LC 无危。

红门兰族 Trib. Orchideae

角盘兰属 *Herminium*

30 叉唇角盘兰 *Herminium lanceum*

形态特征： 高10~83cm。块茎圆球形或椭圆形，肉质。茎直立，常细长，无毛，基部具2枚筒状鞘，中部具3~4枚疏生的叶。叶互生，叶片线状披针形，先端急尖或渐尖，抱茎。总状花序具多数朵密生的小花；花苞片小，披针形，直立伸展，先端急尖，短于子房；子房圆柱形，扭转，无毛；花小，黄绿色或绿色；中萼片卵状长圆形或长圆形，直立，凹陷呈舟状，先端钝，具1条脉；侧萼片张开，长圆形或卵状长圆形，先端稍钝或急尖，具1条脉；花瓣直立，线形，较萼片狭很多，与中萼片相靠，先端钝或近急尖，具1条脉；唇瓣轮廓为长圆形，常下垂，基部扩大，无距。

物候期： 花期6~8月，果期9~10月。

生境： 生于海拔730~3100m的山坡杂木林至针叶林下、竹林下、灌丛下或草地中。

分布： 神农架林区、恩施土家族苗族自治州利川市、十堰市竹山县。

濒危等级： LC 无危。

叉唇角盘兰

十四、掌裂兰属
Dactylorhiza Neck. ex Nevski

地生草本。根数条, 指状, 肉质, 簇生。叶基生, 多少肉质, 叶片线形、椭圆形或宽卵形, 罕为半圆柱形, 基部下延成柄状鞘。总状花序顶生, 具多数朵密生的小花, 似穗状, 常多少呈螺旋状扭转; 花小, 不完全展开, 倒置 (唇瓣位于下方); 萼片离生, 近相似; 中萼片直立, 常与花瓣靠合呈兜状; 侧萼片基部常下延而胀大, 有时呈囊状; 唇瓣基部凹陷, 常有2枚胼胝体, 有时具短爪, 多少围抱蕊柱, 不裂或3裂, 边缘常呈皱波状; 蕊柱短或长, 圆柱形或棒状, 无蕊柱足或具长的蕊柱足; 花药直立, 2室, 位于蕊柱的背侧; 花粉团2个, 粒粉质, 具短的花粉团柄和狭的黏盘; 蕊喙直立, 2裂; 柱头2个, 位于蕊喙的下方两侧。

全世界有34种, 主要分布于北美洲, 少数种类见于南美洲、欧洲、亚洲、非洲和大洋洲。我国产3种, 广布于全国。湖北省产1种, 分布于神农架林区。

凹舌兰

红门兰族 Trib. Orchideae

掌裂兰属 *Dactylorhiza*

31 凹舌掌裂兰 *Dactylorhiza viridis*

形态特征： 高 14~45cm。块茎肉质，前部呈掌状分裂；茎直立；叶片狭倒卵状长圆形、椭圆形或椭圆状披针形；总状花序具多数花；花苞片线形或狭披针形，常明显较花长；子房纺锤形，扭转；花绿黄色或绿棕色；萼片基部常稍合生，中萼凹陷呈舟状，卵状椭圆形，先端钝，具 3 条脉；侧萼片偏斜，卵状椭圆形，先端钝，具 4~5 条脉；花瓣直立，线状披针形，较中萼片稍短，具 1 条脉，与中萼片靠合呈兜状；唇瓣下垂，肉质，倒披针形，较萼片长，上面在近部的中央有 1 条短的纵褶片，前部 3 裂，侧裂片较中裂片长，中裂片小；距卵球形。蒴果椭圆形。

物候期： 花期 5~7 月，果期 8~9 月。

生境： 生于海拔 1200~3000m 的山坡林下、灌丛下或山谷林缘湿地。

分布： 神农架林区。

十五、玉凤花属
Habenaria Willd.

地生草本。块茎肉质，椭圆形或长圆形，不裂，颈部生几条细长的根。茎直立，基部常具2~4枚筒状鞘，鞘以上具1至多枚叶，向上有时还有数枚苞片状小叶。叶散生或集生于茎的中部、下部或基部，稍肥厚，基部收狭成抱茎的鞘。花序总状，顶生，具少数或多数朵花；花苞片直立，伸展；子房扭转，无毛或被毛；花小、中等大或大，倒置；萼片离生；中萼片常与花瓣靠合呈兜状，侧萼片伸展或反折；唇瓣一般3裂，基部通常有长或短的距，有时为囊状或无距；蕊柱短，两侧通常有耳；花药直立，2室，药隔宽或窄，药室叉开，基部延长成短或长的沟；花粉团2个，为具小团块的粒粉质，通常具长的花粉团柄，柄的末端具黏盘；黏盘裸露，较小；柱头2个，分离，凸出或延长，成为"柱头枝"，位于蕊柱前方基部；蕊喙有臂，臂伸长的沟与药室伸长的沟相互靠合呈管围抱着花粉团柄。

全世界约830种，分布于热带、亚热带至温带地区。我国现知有58种，主要分布于长江流域及其以南，以及西南地区，特别是横断山脉地区。湖北省有5种，分布于恩施土家族苗族自治州宣恩县、鹤峰县、巴东县，宜昌市五峰土家族自治县，长阳土家族自治县。

裂瓣玉凤花

红门兰族 Trib. Orchideae

玉凤花属 *Habenaria*

32 毛葶玉凤花 *Habenaria ciliolaris*

形态特征： 高 25~60 cm。块茎长椭圆形或长圆形；茎粗，直立，圆柱形，近中部具 5~6 枚叶，向上有 5~10 枚疏生的苞片状小叶。叶片椭圆状披针形、倒卵状匙形或长椭圆形，基部抱茎。花序具 6~15 朵花，花葶具棱，棱具长柔毛；苞片卵形，具缘毛；子房具棱，棱有细齿；花白或绿白色，中萼片宽卵形，兜状，背面具 3 条片状具细齿或近全缘的龙骨状突起，侧萼片反折，极斜卵形，前部边缘撅出，宽圆形，具 3~4 条弯脉；花瓣直立，斜披针形，外侧厚，与中萼片黏合呈兜状；唇瓣较萼片长，基部 3 深裂，裂片丝状，并行，向上弯曲；距圆筒状棒形。

物候期： 花期 7~9 月，果期 9~10 月。

生境： 生于海拔 140~1800 m 的山坡或沟边林下阴处。

分布： 神农架林区，恩施土家族苗族自治州宣恩县、鹤峰县、巴东县，宜昌市五峰土家族自治县、长阳土家族自治县。

濒危等级： LC 无危。

红门兰族 Trib. Orchideae

玉凤花属 *Habenaria*

33 长距玉凤花 *Habenaria davidii*

形态特征: 高65~75cm; 块茎肉质, 长圆形; 茎粗壮, 直立, 圆柱形, 具5~7枚叶。叶片卵形、卵状长圆形至长圆状披针形, 先端渐尖, 基部抱茎, 向上逐渐变小。花序具4~15朵花; 苞片披针形; 子房无毛; 萼片淡绿或白色, 具缘毛, 中萼片长圆形, 舟状, 侧萼片反折, 斜卵状披针形; 花瓣白色, 直立, 与中萼片靠合呈兜状, 斜披针形, 近镰状, 具缘毛, 外侧边缘不膨出, 唇瓣白或淡黄色, 基部以上3深裂, 裂片具缘毛, 中裂片线形, 与侧裂片近等长, 侧裂片线形, 外侧边缘为篦齿状; 距细圆筒状, 下垂, 稍弯曲。

物候期: 花期6~8月, 果期9~10月。

生境: 生于海拔800~3200m的山坡林下、灌丛下或草地。

分布: 神农架林区、恩施土家族苗族自治州宣恩县。

濒危等级: NT 近危。

红门兰族 Trib. Orchideae

玉凤花属 *Habenaria*

34 鹅毛玉凤花 *Habenaria dentata*

形态特征： 植株高 35~87cm；块茎长圆状卵形或长圆形；叶长椭圆形，基部抱茎，干后边缘具白色窄边；花序具多花，花序轴无毛；苞片披针形；子房无毛，连花梗长 2~3cm；花白色，萼片和花瓣具缘毛，中萼片宽卵形，直立，凹入，与花瓣靠合呈兜状，侧萼片斜卵形；花瓣直立，镰状披针形，唇瓣宽倒卵形，3 裂，侧裂片近菱形或近半圆形，前部具锯齿，中裂片线状披针形或舌状披针形，距细圆筒状棒形，下垂，长达 4cm，中部稍前弯，向末端渐粗，中部以下绿色，距口隆起。

物候期： 花期 7~9 月，果期 9~10 月。

生境： 生于海拔 190~2300m 的山坡林下或沟边。

分布： 神农架林区、宜昌市五峰土家族自治县。

濒危等级： LC 无危。

红门兰族 Trib. Orchideae

玉凤花属 *Habenaria*

35 裂瓣玉凤花 *Habenaria petelotii*

形态特征： 植株高达 60 cm；块茎长圆形；叶椭圆形或椭圆状披针形；花序疏生 3~12 朵花，花茎无毛；苞片窄披针形；子房圆柱状纺锤形，稍弧曲，无毛，连花梗长 1.5~3 cm；花淡绿或白色；中萼片卵形，兜状，长 1~1.2 cm，侧萼片极张开，长圆状卵形，长 1.1~1.3 cm；花瓣 2 深裂至基部，裂片线形，宽 1.5~2 mm，叉开，具缘毛，上裂片直立，与中萼片并行，下裂片与唇瓣的侧裂片并行，唇瓣 3 深裂近基部，裂片线形，近等长，具缘毛；距圆筒状棒形，下垂，稍前弯。

物候期： 花期 7~9 月，果期 9~10 月。

生境： 生于海拔 320~1600 m 的山坡或沟谷林下。

分布： 神农架林区、宜昌市五峰土家族自治县。

濒危等级： DD 数据缺乏。

红门兰族 Trib. Orchideae

玉凤花属 *Habenaria*

36 十字兰 *Habenaria schindleri*

形态特征： 植株高 25~70 cm；块茎肉质，长圆形或卵圆形。茎直立，圆柱形；中下部叶线形，4~7 枚；花序具 10~20 余朵花，花序轴无毛；苞片线状披针形或卵状披针形，子房无毛，连花梗长 1.4~1.5 cm，花白色；中萼片舟状，卵圆形，与花瓣靠合呈兜状，侧萼片反折，斜卵形，花瓣直立，半正三角形，2 裂，上裂片长 4 mm，前侧具 2 浅裂的齿状下裂片；唇瓣前伸，中部以下 3 深裂，呈十字形，裂片线形，中裂片全缘，侧裂片与中裂片垂直伸展，先端具流苏；距下垂，近末端粗棒状，向前弯曲。

物候期： 花期 7~9，果期 9~10 月。

生境： 生于海拔 240~1700 m 的山坡林下或沟谷草丛中。

分布： 神农架林区。

濒危等级： VU 易危。

十六、阔蕊兰属
Peristylus Blume

　　地生草本。块茎肉质，圆球形，颈部生几条细长的根。茎直立，具1至多枚叶。叶散生或集生于茎上或基部，基部具2~3枚圆筒状鞘。总状花序顶生，常具多数花，有时密生呈穗状；花苞片直立，伸展；子房扭转；花小，绿色至白色，直立，子房与花序轴紧靠，倒置；萼片离生，中萼片直立，侧萼片伸展张开；花瓣不裂，稍肉质，直立与中萼片相靠呈兜状，常较萼片稍宽；唇瓣3深裂或3齿裂，基部具距；距常很短，囊状或圆球形；蕊柱很短；花药位于蕊柱的顶端，2室，药室并行；花粉团2个，为具小团块的粒粉质，具短的花粉团柄和黏盘，黏盘裸露，椭圆形，不卷曲成角状，附于蕊喙的短臂上；蕊喙小，其臂很短；柱头2个，隆起，圆球形，从蕊喙下向外伸出，常贴生于唇瓣基部；退化雄蕊2个，大或小，直立或向前伸展，位于花药基部两侧。蒴果长圆形，常直立。

　　全世界共97种，分布于亚洲热带和亚热带地区至太平洋一些岛屿。我国有14种，主要分布于长江流域及其以南诸省区市，以西南地区为多。湖北省1种，分布于恩施土家族苗族自治州宣恩县。

小花阔蕊兰

红门兰族 Trib. Orchideae

阔蕊兰属 *Peristylus*

37 小花阔蕊兰 *Peristylus affinis*

形态特征: 块茎长圆形或长椭圆形; 茎无毛, 中部具4~5枚叶, 其上具1至数枚披针形小叶; 叶椭圆形或椭圆状披针形, 基部鞘状抱茎; 花序具10~20余朵花; 苞片卵状披针形, 子房无毛。花白色, 萼片近长圆形, 稍凹入, 中萼片直立, 侧萼片张开; 花瓣斜卵形, 直立, 稍肉质, 唇瓣前伸, 近长圆形, 3浅裂, 裂片近长圆状三角形, 唇瓣后半部凹入, 具球状距, 距口前方唇盘上具多数乳头状突起; 蕊柱粗短, 直立; 药室并行, 不延长成沟; 花粉团具短的花粉团柄和黏盘, 黏盘小, 近椭圆形, 裸露, 贴生于蕊喙的短臂上; 蕊喙小, 两侧稍延长成短臂。

物候期: 花期6~8月, 果期9~10月。

生境: 生于海拔450~1800m的山坡常绿阔叶林下或草地、沟谷或路旁灌木丛下。

分布: 恩施土家族苗族自治州宣恩县。

濒危等级: LC 无危。

十七、舌唇兰属
Platanthera Rich.

　　地生草本。具肉质肥厚的根状茎或块茎。茎直立, 具1至数枚叶。叶互生, 稀近对生, 叶片椭圆形、卵状椭圆形或线状披针形。总状花序顶生, 具少数至多数朵花; 花苞片草质, 直立伸展, 通常为披针形; 花大小不一, 常为白色或黄绿色, 倒置; 中萼片短而宽, 凹陷, 常与花瓣靠合呈兜状; 侧萼片伸展或反折, 较中萼片长; 花瓣常较萼片狭; 唇瓣常为线形或舌状, 肉质, 不裂, 向前伸展, 基部两侧无耳, 下方具甚长的距, 少数距较短; 蕊柱粗短; 花药直立, 2室, 药室平行或多少叉开, 药隔明显; 花粉团2个, 为具小团块的粒粉质, 棒状, 具明显的花粉团柄和裸露的黏盘; 蕊喙常大或小, 基部具扩大而叉开的臂; 柱头1个, 凹陷, 与蕊喙下部汇合, 两者分不开, 或1个隆起位于距口的后缘或前方, 或2个, 隆起, 离生, 位于距口的前方两侧; 退化雄蕊2个, 位于花药基部两侧。蒴果直立。

　　全世界有134种, 主要分布于北温带, 向南可达南美洲和热带非洲以及热带亚洲。我国有52种, 南北均产, 以西南山地为多。湖北省有5种。

对耳舌唇兰

红门兰族 Trib. Orchideae 　　　　　　　　　舌唇兰属 *Platanthera*

38 二叶舌唇兰 *Platanthera chlorantha*

形态特征: 块茎卵状纺锤形,上部收窄细圆柱形;茎较粗壮,近基部具 2 枚近对生的大叶,其上具 2~4 枚变小的披针形小叶,大叶椭圆形,或倒披针状椭圆形,基部鞘状抱茎;花序具 12~32 朵花;苞片披针形,最下部的长于子房;子房上部钩曲,连花梗长 1.6~1.8 cm;花绿白或白色,中萼片舟状,圆状心形,侧萼片张开,斜卵形;花瓣直立,斜窄披针形,不等侧,渐收窄成线形,与中萼片靠合呈兜状;唇瓣前伸,舌状,肉质;距棒状圆筒形,水平或斜下伸,微钩曲或弯曲,向末端增粗;药室叉形;柱头 1 枚,凹入。

物候期: 花期 6~7 月,果期 8~9 月。

生境: 生于海拔 400~3000 m 的山坡林下或草丛中。

分布: 神农架林区。

濒危等级: LC 无危。

红门兰族 Trib. Orchideae

舌唇兰属 *Platanthera*

39 对耳舌唇兰 *Platanthera finetiana*

形态特征: 植株高30~60cm。根状茎匍匐, 肉质, 指状, 圆柱形。茎直立, 粗壮。叶疏生, 直立伸展, 上部的叶变小成苞片状, 下部的叶片长圆形、椭圆形或椭圆状披针形, 基部成抱茎的鞘。总状花序具8~26朵花, 稍密集; 花苞片披针形; 子房圆柱形, 扭转, 稍弧曲, 无毛; 花较大, 淡黄绿色或白绿色; 萼片先端钝, 具3脉, 边缘全缘; 花瓣直立, 斜舌状, 具1脉, 与中萼片靠合呈兜状; 唇瓣向前伸展, 线形; 距下垂, 细圆筒形, 基部稍宽, 末端稍钩状弯曲; 药室平行; 花粉团倒卵形, 具细而较长的柄和线状椭圆形的大黏盘; 退化雄蕊显著; 蕊喙矮, 宽三角形, 直立; 柱头1个, 凹陷, 椭圆形, 位于蕊喙之下。

物候期: 花期7~8月, 果期9~10月。

生境: 生于海拔1200~3000m的山坡林下或沟谷中。

分布: 神农架林区、宜昌市五峰土家族自治县。

濒危等级: VU 易危。

红门兰族 Trib. Orchideae 舌唇兰属 *Platanthera*

40 舌唇兰 *Platanthera japonica*

形态特征： 植株高 35~70 cm；根状茎指状，肉质、近平展；茎粗壮，4~6 枚叶，下部叶椭圆形或长椭圆形，基部鞘状抱茎，上部叶披针形；花序长 10~18 cm，具 10~28 朵花；苞片窄披针形；子房连花梗长 2~2.5 cm；花白色；中萼片舟状、卵形，侧萼片反折，斜卵形；花瓣直立，线形，与中萼片靠合呈兜状；唇瓣线形，肉质，先端钝；距下垂，细圆筒状至丝状，弧曲，较子房长；退化雄蕊显著；蕊喙矮，宽三角形，直立；柱头 1 个，凹陷，位于蕊喙之下穴内。

物候期： 花期 4~6 月，果期 7~8 月。

生境： 生于海拔 600~2600 m 的山坡林下或草地。

分布： 湖北省内广泛分布。

濒危等级： LC 无危。

红门兰族 Trib. Orchideae   舌唇兰属 *Platanthera*

41 小舌唇兰 *Platanthera minor*

形态特征： 植株高 20~60cm，块茎椭圆形；茎下部具 1~2(3) 枚大叶，上部具 2~5 枚披针形或线状披针形小叶；叶互生，大叶椭圆形、卵状椭圆形或长圆状披针形，基部鞘状抱茎；花序疏生多花；苞片卵状披针形；子房连花梗长 1~1.5cm；花黄绿色；中萼片直立，舟状，宽卵形，侧萼片反折，稍斜椭圆形；花瓣直立，斜卵形，基部前侧扩大，与中萼片靠合呈兜状；唇瓣舌状，肉质，下垂；距细圆筒状，下垂，稍向前弧曲；黏盘圆形；柱头 1 枚，凹陷；花粉团倒卵形，具细长的柄和圆形的粘盘；退化雄蕊显著；蕊喙矮而宽；柱头1个，大，凹陷，位于蕊喙之下。

物候期： 花期 5~7 月，果期 7~9 月。

生境： 生于海拔 250~2200m 的山坡林下或草地。

分布： 宜昌市五峰土家族自治县、恩施土家族苗族自治州巴东县。

濒危等级： LC 无危。

红门兰族 Trib. Orchideae

舌唇兰属 *Platanthera*

42 东亚舌唇兰 *Platanthera ussuriensis*

形态特征: 植株高20~55cm;根状茎指状,弓曲;茎下部具2~3枚大叶,其上具1至几枚小叶;大叶匙形或窄长圆形;花序疏生10~20余朵花;苞片窄披针形,花淡黄绿色,中萼片舟状,宽卵形,侧萼片斜窄椭圆形,较中萼片略窄长;花瓣直立,窄长圆状披针形,与中萼片靠合,稍肉质,先端钝或近平截唇瓣前伸,稍下弯,舌状披针形,肉质,基部两侧具近半圆形侧裂片,中裂片舌状披针形或舌状,距细圆筒状。

物候期: 花期7~8月,果期9~10月。

生境: 生于海拔400~2800m的山坡林下、林缘或沟边。

分布: 神农架林区。

濒危等级: NT 近危。

十八、小红门兰属
Ponerorchis Rchb. f.

地生草本，小到中型，纤细。根状茎卵球形或椭圆形，肉质。茎通常直立，圆柱形，无毛，基部附近有1~3个筒状鞘，上面有1~5枚叶。叶基生或茎生，互生或很少近对生，基部收缩成抱茎鞘，无毛或疏生短柔毛。花序顶生，无毛或被短柔毛，具1至多数花；花苞披针形。子房扭转，通常稍弓形。萼片离生，背萼片直立，常凹陷呈舟状；侧萼片展开。花瓣通常与背萼片合生并形成花冠；唇瓣全缘或3或4裂，基部具距。蕊柱粗壮；花药直立，基部牢固贴生于柱顶，具2平行的室；花粉团2个，为具小团块的粒粉质，具花粉团柄和黏盘；黏盘2个，各埋藏于1个黏质球内，两个黏质球被包藏于蕊喙的1个黏囊中，黏囊通常为近球形，突出于蕊柱前面距口之上方；柱头1个，凹陷，位于蕊喙之下的凹穴内；蕊喙位于花药下部两药室之间；退化雄蕊2枚，位于花药基部两侧。蒴果直立。

全世界共55种，从喜马拉雅山脉经中国东部到韩国和日本；中国44种，其中湖北省有3种，分布于恩施土家族苗族自治州宣恩县、咸丰县、利川市，宜昌市五峰土家族自治县，神农架林区。

二叶兜被兰

红门兰族 Trib. Orchideae

小红门兰属 *Ponerorchis*

43 广布小红门兰 *Ponerorchis chusua*

形态特征: 植株高5~45cm。块茎长圆形或圆球形, 肉质, 不裂。茎直立, 圆柱状, 纤细或粗壮, 基部具1~3枚筒状鞘。叶片长圆状披针形、披针形或线状披针形至线形, 上面无紫色斑点, 基部收狭成抱茎的鞘。花序具1~20余朵花, 多偏向一侧; 花苞片披针形或卵状披针形, 基部稍收狭; 子房圆柱形, 扭转, 无毛; 花紫红色或粉红色; 中萼片长圆形或卵状长圆形, 直立, 凹陷呈舟状, 先端稍钝或急尖; 具3脉, 与花瓣靠合呈兜状; 侧萼片向后反折, 偏斜, 卵状披针形, 花瓣直立, 斜狭卵形、宽卵形, 唇瓣边缘无睫毛, 3裂。

物候期: 花期6~8月, 果期9~10月。

生境: 生于海拔500~3000m的山坡林下、灌丛下、高山灌草丛或高山草甸中。

分布: 神农架林区。

濒危等级: LC 无危。

红门兰族 Trib. Orchideae

小红门兰属 *Ponerorchis*

44 二叶兜被兰 *Ponerorchis cucullata*

形态特征： 植株高4~24cm；块茎球形或卵形；茎基部具2枚近对生的叶，其上具1~4枚小叶；叶卵形、卵状披针形或椭圆形，先端尖或渐尖，基部短鞘状抱茎，上面有时具紫红色斑点；花序具几朵至10余朵花，常偏向一侧；苞片披针形；花紫红或粉红色；萼片在3/4以上靠合成兜，中萼片披针形；侧萼片斜镰状披针形；花瓣披针状线形，与中萼片贴生；唇瓣前伸，上面和边缘具乳突，基部楔形，3裂，侧裂片线形，中裂片长；距细圆筒状锥形，中部前弯，近U字形。

物候期： 花期8~9月，果期9~10月。

生境： 生于海拔400~3000m的山坡林下或草地。

分布： 神农架林区。

濒危等级： VU 易危。

红门兰族 Trib. Orchideae

小红门兰属 *Ponerorchis*

45 无柱兰 *Ponerorchis gracilis*

形态特征 植株高7~30cm;块茎卵形或长圆状椭圆形;茎近基部具1叶,其上具1~2枚小叶;叶窄长圆形、椭圆状长圆形或卵状披针形;花序具5~20余朵、偏向一侧的花;苞片卵状披针形或卵形子房扭转,连花梗长0.7~1cm;花粉红或紫红色;中萼片卵形,侧萼片斜卵形或倒卵形;花瓣斜椭圆形或斜卵形;唇瓣较萼片和花瓣大,倒卵形,基部楔形,具距,中部以上3裂,侧裂片镰状线形、长圆形或三角形,先端钝或平截,中裂片倒卵状楔形,先端平截、圆或圆而具短尖或凹缺;距圆筒状,几直伸,下垂。

物候期: 花期6~8月,果期8~10月。

生境: 生于海拔180~3000m的山坡沟谷边或林下阴湿处覆有土的岩石上或山坡灌丛下。

分布: 神农架林区,宜昌市五峰土家族自治县,恩施土家族苗族自治州宣恩县、咸丰县,襄阳市谷城县,湖北大别山区。

濒危等级: LC 无危。

第六章 鸟巢兰族 Trib. Neottieae

十九、无 叶 兰 属
Aphyllorchis Blume

　　腐生草本。根状茎匍匐，少有直立的，具或不具假鳞茎。假鳞茎紧靠，聚生或疏离，形状、大小变化甚大，具1个节间。叶通常1枚，少有2~3枚，顶生于假鳞茎，无假鳞茎的直接从根状茎上发出；叶片肉质或革质，先端稍凹或锐尖、圆钝，基部无柄或具柄。花葶侧生于假鳞茎基部或从根状茎的节上抽出，比叶长或短，具单花或多朵至许多花组成为总状或近伞状花序；花苞片通常小；花小至中等大；萼片近相等或侧萼片远比中萼片长，全缘或边缘具齿、毛或其他附属物；侧萼片离生或下侧边缘彼此黏合，或由于其基部扭转而使上下侧边缘彼此有不同程度的黏合或靠合，基部贴生于蕊柱足两侧而形成囊状的萼囊；花瓣比萼片小，全缘或边缘具齿、毛等附属物；唇瓣肉质，比花瓣小，向外下弯，基部与蕊柱足末端连接而形成活动或不动的关节；蕊柱短，具翅，基部延伸为足；蕊柱翅在蕊柱中部或基部以不同程度向前扩展，向上延伸为形状多样的蕊柱齿；花药俯倾，2室或由于隔膜消失而成1室；花粉团蜡质，4个成2对，无附属物。

　　全属约1000种，分布于亚洲、美洲、非洲等热带和亚热带地区，大洋洲也有。我国有99种和3变种，主要产于长江流域及其以南各省区市。湖北省内分布于恩施土家族苗族自治州宣恩县长潭河侗族乡七姊妹山国家级自然保护区内，属下有1个种，即雅长无叶兰 *Aphyllorchis yachangensis*。

雅长无叶兰

鸟巢兰族 Trib. Neottieae

无叶兰属 *Aphyllorchis*

46 雅长无叶兰 *Aphyllorchis yachangensis*

形态特征： 腐生。茎黄绿色，通常有许多深紫色条纹和斑点，最上面的鞘披针形；其他鞘管状。总状花序顶生。花黄绿色，通常具许多深紫色的条纹和斑点。苞片披针形，黄绿色，通常背面有许多深紫色条纹和斑点，疏生腺被微柔毛。萼片黄绿色，通常背面具许多深紫色的条纹和斑点，疏生腺被微柔毛；中萼片披针形，先端锐尖，反折；侧萼片披针形，基部稍斜，先端锐尖，反折。花瓣披针形，黄绿色，基部浅紫色至深紫色，先端锐尖。

物候期： 花期6~7月，果期7~9月。

生境： 分布在亚热带常绿落叶阔叶混交林，海拔1400~1860 m。

分布： 恩施土家族苗族自治州宣恩县长潭河侗族乡七姊妹山国家级自然保护区。

濒危等级： EN 濒危。

二十、头蕊兰属
Cephalanthera Rich.

地生或腐生草本，通常具缩短的根状茎和成簇的肉质纤维根。茎直立，不分枝，通常中部以上具数枚叶，下部有若干近舟状或圆筒状的鞘。叶互生，折扇状，基部近无柄并抱茎，腐生种类则退化为鞘。总状花序顶生，通常具数朵花，较少减退为单花或达10朵以上；花苞片通常较小，有时最下面1~2枚近叶状；花两侧对称，近直立或斜展，多少扭转，常不完全开放；萼片离生，相似；花瓣常略短于萼片，有时与萼片多少靠合成筒状；唇瓣常近直立，3裂，基部凹陷成囊状或有短距；侧裂片较小，常多少围抱蕊柱；中裂片较大，上面有3~5条褶片；蕊柱直立，近半圆柱形；花药生于蕊柱顶端背侧，直立，2室；花丝明显；退化雄蕊2枚，白色而有银色斑点；花粉团2个，每个稍纵裂为2，粒粉质，不具花粉团柄，亦无黏盘；柱头凹陷，位于蕊柱前方近顶端处；蕊喙短小，不明显。

全属约16种，主要产于欧洲至东亚，北美也有，个别种类向南可分布到美国、加拿大、印度、缅甸和老挝。我国有9种，主要产于亚热带地区。湖北省内广泛分布，属下有3种。

头蕊兰

鸟巢兰族 Trib. Neottieae

头蕊兰属 *Cephalanthera*

47 银兰 *Cephalanthera erecta*

形态特征: 地生草本。茎纤细,直立,下部具2~4枚鞘,中部以上具2~4(5)枚叶。叶片椭圆形至卵状披针形,先端急尖或渐尖,基部收狭并抱茎。总状花序;花序轴有棱;花苞片通常较小,狭三角形至披针形,但最下面1枚常为叶状;花白色;萼片长圆状椭圆形,先端急尖或钝,具5条脉;花瓣与萼片相似,但稍短;唇瓣3裂,基部有距;侧裂片卵状三角形或披针形;中裂片近心形或宽卵形,上面有3条纵褶片;距圆锥形,末端稍锐尖,伸出侧萼片基部之外。

物候期: 花期4~5月,果期6~7月。

生境: 生于海拔850~2300 m的林下、灌丛中或沟边土层厚且有一定阳光处。

分布: 湖北省内广泛分布。

濒危等级: LC 无危。

鸟巢兰族 Trib. Neottieae

头蕊兰属 *Cephalanthera*

48 金兰 *Cephalanthera falcata*

形态特征: 地生草本。茎直立。叶4~7枚, 椭圆形、椭圆状披针形或卵状披针形, 先端渐尖或钝。总状花序5~10朵花。花苞片很小, 最下面的1枚非叶状, 长度不超过花梗和子房。花黄色, 直立, 稍微张开。萼片菱状椭圆形, 先端钝或急尖, 具5条脉。花瓣与萼片相似, 但较短。唇瓣3裂, 基部有距。侧裂片三角形, 多少围抱蕊柱。中裂片近扁圆形, 上面具5~7条纵褶片, 中央的3条较高 (0.5~1mm), 近顶端处密生乳突。距圆锥形, 明显伸出侧萼片基部之外, 先端钝。

物候期: 花期4~5月, 果期5~7月。

生境: 生于海拔700~1600m的林下、灌丛中、草地上或沟谷旁。

分布: 湖北省内广泛分布。

濒危等级: LC 无危。

金兰

鸟巢兰族 Trib. Neottieae　　　　　　　　头蕊兰属 *Cephalanthera*

49 头蕊兰 *Cephalanthera longifolia*

形态特征: 地生草本。茎直立,下部具3~5枚排列疏松的鞘。叶4~7枚;叶片披针形、宽披针形或长圆状披针形,先端长渐尖或渐尖。总状花序具2~13朵花;花苞片线状披针形至狭三角形,但最下面1~2枚叶状;花白色,稍开放或不开放;萼片狭椭圆状披针形,先端渐尖或近急尖,具5条脉;花瓣近倒卵形,先端急尖或具短尖;唇瓣3裂,基部具囊;侧裂片近卵状三角形;中裂片三角状心形,上面具3~4条纵褶片,近顶端处密生乳突;唇瓣基部的囊短而钝。

物候期: 花期5~6月,果期6~7月。

生境: 生于海拔1000~3300 m的林下、灌丛中、沟边或草丛中。

分布: 神农架林区。

濒危等级: LC 无危。

头蕊兰

二十一、火烧兰属
Epipactis Zinn.

地生或腐生草本，通常具缩短的根状茎和成簇的肉质纤维根。茎直立，不分枝，通常中部以上具数枚叶，地生植物，通常具根状茎。茎直立，近基部具2~3枚鳞片状鞘，其上具3~7枚叶。叶互生；叶片从下向上由具抱茎叶鞘逐渐过渡为无叶鞘，上部叶片逐渐变小而成花苞片。总状花序顶生，花斜展或下垂，多少偏向一侧；花被片离生或稍靠合；花瓣与萼片相似，但较萼片短；唇瓣着生于蕊柱基部，通常分为2部分，即下唇（近轴的部分）与上唇（或称前唇，远轴的部分）；下唇舟状或杯状，较少囊状，具或不具附属物；上唇平展，加厚或不加厚，形状各异；上、下唇之间缢缩或由一个窄的关节相连；蕊柱短；蕊喙常较大，光滑，有时无蕊喙；雄蕊无柄；花粉团4个，粒粉质，无花粉团柄，亦无黏盘。蒴果倒卵形至椭圆形，下垂或斜展。

全属约20种，主要产于欧洲和亚洲的温带及高山地区，北美也有。我国有8种和2变种。湖北省有2种，分布于恩施土家族苗族自治州巴东县、宣恩县，宜昌市五峰土家族自治县，神农架林区松柏镇、新华镇，十堰市竹溪县。

大叶火烧兰

鸟巢兰族 Trib. Neottieae

火烧兰属 *Epipactis*

50 火烧兰 *Epipactis helleborine*

形态特征: 高20~70cm; 根状茎粗短。茎上部被短柔毛, 下部无毛, 具2~3枚鳞片状鞘。叶4~7枚, 互生; 叶片卵圆形、卵形至椭圆状披针形, 罕有披针形, 先端通常渐尖至长渐尖; 向上叶逐渐变窄而成披针形或线状披针形。总状花序具3~40朵花; 花苞片叶状, 线状披针形; 花梗和子房具黄褐色绒毛; 花绿色或淡紫色, 下垂, 较小; 中萼片卵状披针形, 较少椭圆形, 舟状, 先端渐尖; 侧萼片斜卵状披针形, 先端渐尖; 花瓣椭圆形, 先端急尖或钝; 唇瓣中部明显缢缩; 下唇兜状; 上唇近三角形或近扁圆形, 先端锐尖。蒴果倒卵状椭圆形, 具极疏的短柔毛。

物候期: 花期6~7月, 果期7~8月。

生境: 生于海拔250~3600m的山坡林下、草丛或沟边。

分布: 恩施土家族苗族自治州宣恩县、巴东县, 神农架林区。

濒危等级: LC 无危。

鸟巢兰族 Trib. Neottieae

火烧兰属 *Epipactis*

51 大叶火烧兰 *Epipactis mairei*

形态特征： 高 30~70 cm；根状茎粗短；根多条细长；叶 5~8 枚，卵圆形、卵形或椭圆形，基部抱茎。苞片椭圆状披针形，下部的苞片等于或稍长于花；子房和花梗被黄褐或锈色柔毛；花黄绿带紫、紫褐或黄褐色，下垂；中萼片椭圆形或倒卵状椭圆形，舟形，侧萼片斜卵状披针形或斜卵形；花瓣长椭圆形或椭圆形，唇瓣中部稍缢缩成上下唇，下唇长 6~9 mm，两侧裂片近直立；上唇肥厚，卵状椭圆形、长椭圆形或椭圆形，先端急尖。蒴果椭圆状，无毛。

物候期： 花期 6~7 月，果期 7~8 月。

生境： 生于海拔 1200~3100 m 的山坡灌丛中、草丛中、河滩阶地或冲积扇等地。

分布： 广泛分布于鄂西山地。

濒危等级： NT 近危。

大叶火烧兰

二十二、鸟巢兰属
Neottia Guett.

地生小草本，具短缩的根状茎和成簇的肉质纤维根。茎直立，基部具若干具鞘苞片，绿色、浅黄色或红棕色。有或无绿叶，叶（当存在时）2枚，罕有3或4枚，对生或近对生，通常沿茎中部长，无柄或近无柄，绿色，有时具白色脉络，卵形、三角状卵形或心形，基部浅心形或宽楔形。花序顶生，总状花序，多花或很少退化成单生花；花苞片膜质；花梗通常较为细长；子房近椭圆形或棒状，明显较花梗为宽；花小，扭转；萼片离生，展开；花瓣一般较萼片狭而短；唇瓣通常明显大于萼片或花瓣，先端有不同程度的2裂，极罕不裂，基部无距，但有时凹陷成浅杯状；蕊柱长或短，近直立或稍向前弯曲；花药生于蕊柱顶端后侧边缘，直立或俯倾；花丝极短或不明显；花粉团2个，每个又多少纵裂为2，粒粉质，无花粉团柄；柱头凹陷或呈唇形伸出，位于蕊柱前面近顶端处；蕊喙大，通常近舌形，平展或近直立。

全属共64种，主要分布于亚洲温带地区和亚热带高山。我国分布39种，其中湖北省有2种，分布于咸宁市通山县，神农架林区。

尖唇鸟巢兰

鸟巢兰族 Trib. Neottieae

鸟巢兰属 *Neottia*

52 尖唇鸟巢兰 *Neottia acuminata*

形态特征： 腐生草本。茎直立，无毛，中部以下具 3~5 枚鞘，无绿叶；鞘膜质，长 1~5 cm，抱茎。花序长 4~8 cm，常具 20 余朵花；苞片长圆状卵形；花梗长 3~4 mm；子房椭圆形，长 2.5~3 mm；花黄褐色，常 3~4 朵呈轮生状；中萼片窄披针形，侧萼片与中萼片相似，宽达 1 mm；花瓣窄披针形，唇瓣常卵形或披针形，不裂，边缘稍内弯；蕊柱长不及 0.5 mm，短于花药或蕊喙；花药直立，近椭圆形，长约 1 mm；柱头横长圆形，直立，两侧内弯，包蕊喙，2 个柱头面位于内弯边缘内侧；蕊喙舌状，直立，长达 1 mm；蒴果椭圆形。

物候期： 花期 6~8 月，果期 8~9 月。

生境： 生于海拔 1500~3100 m 的林下或荫蔽草坡上。

分布： 神农架林区。

濒危等级： LC 无危。

尖唇鸟巢兰

鸟巢兰族 Trib. Neottieae   鸟巢兰属 *Neottia*

53 日本对叶兰 *Neottia japonica*

形态特征: 植株高16cm。茎细长,有棱,近中部处具2枚对生叶,叶以上部分具短柔毛。叶片卵状三角形,先端锐尖,基部近圆形或截形。总状花序顶生,具3~6朵花;花苞片很小,宽卵形锐尖;花梗细长,具细毛;花紫绿色;中萼片长椭圆形至椭圆形,先端急尖或钝;侧萼片斜卵形至卵状长椭圆形,与中萼片近等长,先端钝;花瓣长椭圆状线形,与中萼片近等长或略短,先端钝;唇瓣楔形,先端二叉裂,基部具一对长的耳状小裂片;耳状小裂片环绕蕊柱并在蕊柱后侧相互交叉;裂片先端叉开,线形,先端钝,两裂片间具一短三角状齿突。蕊柱甚短。

物候期: 花期4~5月,果期5~7月。

生境: 生于海拔1400m左右的山地峡谷地带。

分布: 鄂西山地、湖北大别山地区。

濒危等级: VU 易危。

第七章 天麻族 Trib. Gastrodieae

二十三、天 麻 属
Gastrodia R. Br.

腐生草本，地下具根状茎；根状茎块茎状、圆柱状或有时多少呈珊瑚状，通常平卧，稍肉质，具节，节常较密。茎直立，常为黄褐色，无绿叶，一般在花后延长，中部以下具数节，节上被筒状或鳞片状鞘。总状花序顶生，具数朵花至多朵花，较少减退为单花；花近壶形、钟状或宽圆筒状，不扭转或扭转；萼片与花瓣合生成筒，仅上端分离；花被筒基部有时膨大成囊状，偶见两枚侧萼片之间开裂；唇瓣贴生于蕊柱足末端，通常较小，藏于花被筒内，不裂或3裂；蕊柱长，具狭翅，基部有短的蕊柱足；花药较大，近顶生；花粉团2个，粒粉质，通常由可分的小团块组成，无花粉团柄和黏盘。

全属约90种，分布于东亚、东南亚至大洋洲。我国分布24种，其中湖北省有1种，分布于恩施土家族苗族自治州巴东县、鹤峰县、利川市，宜昌市五峰土家族自治县。

天麻族 Trib. Gastrodieae

天麻属 *Gastrodia*

54 天麻 *Gastrodia elata*

形态特征： 植株高 1m 以上；根状茎卵状长椭圆形，单个最大重量达 500g，含水率在 80% 左右。茎淡黄色，幼时淡黄绿色。花序长达 30~50cm，具 30~50 朵花；花梗和子房橙黄或黄白色，近直立；花淡黄色；花被筒近斜卵状圆筒形，顶端具 5 裂片，两枚侧萼片合生处的裂口深达 5mm，筒基部向前凸出；外轮裂片（萼片离生部分）卵状角形，内轮裂片（花瓣离生部分）近长圆形，唇瓣长圆状卵形，3 裂，基部贴生蕊柱足末端与花被筒内壁有 1 对肉质胼胝体，上部离生，上面具乳突，边缘有不规则短流苏。蕊柱足短，蒴果倒卵状椭圆形。

物候期： 花期 4~6 月，果期 7~8 月。

生境： 常生于疏林林缘。

分布： 湖北省内广泛分布。

濒危等级： VU 易危。

第八章 芋兰族 Trib. Nervilieae

二十四、虎舌兰属
Epipogium Gmelin ex Borkhausen

腐生草本, 地下具珊瑚状根状茎或肉质块茎。茎直立, 有节, 肉质, 无绿叶, 通常黄褐色, 疏被鳞片状鞘。总状花序顶生, 具数朵或多数花; 花苞片较小; 子房膨大; 花常多少下垂; 萼片与花瓣相似, 离生, 有时多少靠合; 唇瓣较宽阔, 3裂或不裂, 肉质, 凹陷, 基部具宽大的距; 唇盘上常有带疣状突起的纵脊或褶片; 蕊柱短, 无蕊柱足; 花药向前俯倾, 肉质; 花粉团2个, 有裂隙, 松散的粒粉质, 由小团块组成, 各具1个纤细的花粉团柄和1个共同的黏盘; 柱头生于蕊柱前方近基部处; 蕊喙较小。

全属仅2种, 分布于欧洲、亚洲温带与热带地区、大洋洲与非洲热带地区。我国均产之, 其中湖北省产1种, 分布于神农架林区。

裂唇虎舌兰

芋兰族 Trib. Nervilieae

虎舌兰属 *Epipogium*

55 裂唇虎舌兰 *Epipogium aphyllum*

形态特征 植株高 10~30 cm；根状茎珊瑚状；茎具数枚膜质鞘，抱茎；花序具 2~6 朵花；苞片窄卵状长圆形，长 6~8 mm；花梗纤细；花黄色带粉红或淡紫色晕；萼片披针形或窄长圆状披针形，长 1.2~1.8 cm；花瓣常略宽于萼片，唇瓣近基部 3 裂，侧裂片直立，近长圆形或卵状长圆形，中裂片卵状椭圆形，近全缘，多少内卷，内面常有 4~6 紫红色皱波状纵脊，末端圆；蕊柱粗。

物候期： 花期 7~9 月，果期 9~10 月。

生境： 生于林下、岩隙或苔藓丛生之地，海拔 1200~3000 m。

分布： 神农架林区。

濒危等级： EN 濒危。

第九章 贝母兰族 Trib. Arethuseae

二十五、白 及 属
Bletilla Rchb. f.

地生植物。茎基部具膨大的假鳞茎，其近旁常具多枚前一年和以前每年所残留的扁球形或扁卵圆形的假鳞茎；假鳞茎的侧边常具2枚突起，彼此以同一方向的突起与毗邻的假鳞茎相连成一串，假鳞茎上具荸荠似的环带，肉质，富黏性，生数条细长根。叶3~6枚，互生，狭长圆状披针形至线状披针形，叶片与叶柄之间具关节，叶柄互相卷抱成茎状。花序顶生，总状，常具数朵花，通常不分枝或极罕分枝；花序轴常常曲折成"之"字状；花苞在开花时常凋落；花紫红色、粉红色、黄色或白色，倒置，唇瓣位于下方；萼片与花瓣相似，近等长，离生；唇瓣中部以上常明显3裂；侧裂片直立，多少抱蕊柱，唇盘上从基部至近先端具5条纵脊状褶片，基部无距；蕊柱细长，无蕊柱足，两侧具翅，顶端药床的侧裂片常常为略宽的圆形，后侧的中裂片齿状；花药着生于药床的齿状中裂片上，帽状，内屈或者近于悬垂，具或多或少分离的2室；花粉团8个，成2群，每室4个，成对而生，粒粉质，多颗粒状，具不明显的花粉团柄，无黏盘；柱头1个，位于蕊喙之下。蒴果长圆状纺锤形，直立。

本属约6种，分布于亚洲的缅甸北部经我国至日本。我国产4种，分布范围为北起江苏、河南，南至台湾，东起浙江，西至西藏东南部（察隅）。湖北省内分布于恩施土家族苗族自治州宣恩县、鹤峰县、巴东县、利川市，宜昌市五峰土家族自治县，襄阳市南漳县，神农架林区，属下有2种，黄花白及*Bletilla ochracea*和白及*Bletilla striata*。

白及

贝母兰族 Trib. Arethuseae

白及属 *Bletilla*

56 黄花白及 *Bletilla ochracea*

形态特征： 植株高 25~55cm。假鳞茎扁斜卵形；茎常具 4 枚叶。叶长圆状披针形，花序具 3~8 朵花，通常不分枝或极罕分枝；花苞片长圆状披针形，先端急尖，开花时凋落；花中等大，黄色或萼片和花瓣外侧黄绿色，内面黄白色，罕近白色；萼片和花瓣近等长，长圆形，先端钝或稍尖，背面常具细紫点；唇瓣椭圆形，白色或淡黄色，在中部以上 3 裂；侧裂片直立，斜的长圆形，围抱蕊柱，先端钝，几不伸至中裂片旁；中裂片近正方形，边缘微波状，先端微凹。

物候期： 花期 6~7 月，果期 8~9 月。

生境： 生于海拔 300~2350m 的常绿阔叶林、针叶林或灌丛下、草丛中或沟边。

分布： 分布于鄂西地区，野生植株数量较少。

濒危等级： EN 濒危。

贝母兰族 Trib. Arethuseae   白及属 *Bletilla*

57 白及 *Bletilla striata*

形态特征： 植株高 18~60cm。假鳞茎扁球形，上面具荸荠似的环带。茎粗壮。叶 4~6 枚，狭长圆形或披针形。花序具 3~10 朵花；苞片长圆状披针形；花紫红或淡红色；萼片和花瓣近等长，窄长圆形；花瓣较萼片稍宽，唇瓣倒卵状椭圆形，白色带紫红色，唇盘具 5 条纵褶片，从基部伸至中裂片近顶部，在中裂片波状，在中部以上 3 裂，侧裂片直立，合抱蕊柱，先端稍钝，伸达中裂片 1/3，中裂片倒卵形或近四方形，先端凹缺，具波状齿。

物候期： 花期 4~5 月，果期 6~8 月。

生境： 生于海拔 100~2500m 的常绿阔叶林下、松树林或针叶林下、路边草丛或岩石缝中。

分布： 广泛分布于鄂西地区，但现存野生植株数量不多。

濒危等级： EN 濒危。

贝母兰族 Trib. Arethuseae

白及属 *Bletilla*

57 白及 *Bletilla striata*

二十六、瘦房兰属
Ischnogyne Schltr.

附生草本。假鳞茎较小，弯曲，下部平卧，上部直立，彼此以短的根状茎相连接，在根状茎着生处具数条长的纤维根，顶端生1枚叶。叶明显具柄。花葶与叶生于同一假鳞茎顶端或不同的假鳞茎顶端，只具1朵花；花较大；萼片离生，侧萼片基部延伸成囊状；花瓣与萼片相似，略狭于萼片；唇瓣狭倒卵形，近顶端3裂，基部有短距；距一部分包藏于两枚侧萼片基部之内；蕊柱细长，无蕊柱足，两侧边缘具翅；翅自下向上渐宽；花药向前倾，花丝不明显；花粉团4个，蜡质，无附属物，基部黏合；柱头凹陷，位于蕊柱前上方；蕊喙较大，宽舌状。

本属为我国特有属，仅1种，产于亚热带地区。湖北省1种，分布于神农架林区。

瘦房兰

贝母兰族 Trib. Arethuseae

瘦房兰属 *Ischnogyne*

58 瘦房兰 *Ischnogyne mandarinorum*

形态特征： 假鳞茎近圆柱形，上部稍变细，上部 1/3 弯曲成钩状，有许多纵皱纹。叶近直立，狭椭圆形，薄革质，先端钝或急尖。花葶(连花)长 5~7cm，顶端具 1 朵花；花苞片膜质，卵形；花梗和子房长 1~2cm；花白色，较大；萼片线状披针形；花瓣与萼片相似，但稍短；唇瓣长约 3cm，向基部渐狭，顶端 3 裂而略似肩状；侧裂片小；中裂片近方形，先端截形而略有凹缺和细尖，基部有 2 个紫色小斑块；唇瓣基部的距长约 3mm；蕊柱长约 2.5cm，下部的翅宽不到 0.5mm，上部的翅一侧宽可达 2.5mm。蒴果椭圆形。

物候期： 花期 5~6 月，果期 7~8 月。

生境： 生于林下或沟谷旁的岩石上，海拔 700~1500m。

分布： 神农架林区。

濒危等级： DD 数据缺乏。

二十七、石 仙 桃 属
Pholidota Lindl.ex Hook.

　　附生草本，通常具根状茎和假鳞茎。假鳞茎密生或疏生于根状茎上，卵形至圆筒状，罕有假鳞茎在近末端处相互连接而貌似茎状，或以基部连接于短根状茎上，而短根状茎又连接于相邻假鳞茎中部。叶1~2枚，生于假鳞茎顶端，基部多少具柄。花葶生于假鳞茎顶端或与幼叶同时从幼嫩的假鳞茎顶端发出；总状花序常多少弯曲，具数朵或多朵花；花序轴常稍曲折；花苞片大，2列，多少凹陷，宿存或脱落；花小，常不完全张开；萼片相似，常多少凹陷；侧萼片背面一般有龙骨状突起；花瓣通常小于萼片；唇瓣凹陷或仅基部凹陷成浅囊状，不裂或罕有3裂，唇盘上有时有粗厚的脉或褶片，无距；蕊柱短，上端有翅，翅常围绕花药，无蕊柱足；花药前倾，生于药床后缘上；花粉团4个，蜡质，近等大，成2对，共同附着于黏质物上；蕊喙较大，拱盖于柱头穴之上。蒴果较小，常有棱。

　　全属39种，分布于亚洲热带和亚热带南缘地区，南至澳大利亚和太平洋岛屿。我国有16种，产于西南、华南至台湾。湖北省产1种，分布于恩施土家族苗族自治州宣恩县、鹤峰县、咸丰县，宜昌市五峰土家族自治县、兴山县，神农架林区。

云南石仙桃 生境

贝母兰族 Trib. Arethuseae

石仙桃属 *Pholidota*

59 云南石仙桃 *Pholidota yunnanensis*

形态特征: 根状茎匍匐、分枝, 密被箨状鞘; 假鳞茎近圆柱状, 向顶端略收狭, 幼嫩时为箨状鞘所包, 顶端生2叶。叶披针形, 坚纸质, 具折扇状脉, 具短柄。花葶生于幼嫩假鳞茎顶端, 连同幼叶从靠近老假鳞茎基部的根状茎上发出; 总状花序具15~20朵花; 花序轴有时在近基部处略左右曲折; 花苞片在花期逐渐脱落, 卵状菱形; 花白色或浅肉色; 中萼片宽卵状椭圆形或卵状长圆形; 侧萼片宽卵状披针形, 凹陷成舟状; 唇瓣轮廓为长圆状倒卵形, 略长于萼片, 先端近截形或钝并常有不明显的凹缺; 蕊喙宽舌状。蒴果倒卵状椭圆形, 有3棱。

物候期: 花期5月, 果期9~10月。

生境: 林中或山谷旁的树上或岩石上, 海拔1200~1700m。

分布: 广泛分布于鄂西山区。

濒危等级: NT 近危。

二十八、独蒜兰属
Pleione D. Don

附生、半附生或地生小草本。假鳞茎一年生，常较密集，卵形、圆锥形、梨形至陀螺形，向顶端逐渐收狭成长颈或短颈，叶脱落后顶端通常有皿状或浅杯状的环。叶1~2枚，生于假鳞茎顶端，通常纸质，多少具折扇状脉，有短柄，一般在冬季凋落，少有宿存。花葶从老鳞茎基部发出，直立，与叶同时或不同时出现；花序具1~2朵花；花苞片常有色彩，较大，宿存；花大，一般较艳丽；萼片离生，相似；花瓣一般与萼片等长，常略狭于萼片；唇瓣明显大于萼片，不裂或不明显3裂，基部常多少收狭，有时贴生于蕊柱基部而呈囊状，上部边缘啮蚀状或撕裂状，上面具2条至数条纵褶片或沿脉具流苏状毛；蕊柱细长，稍向前弯曲，两侧具狭翅；翅在顶端扩大；花粉团4个，蜡质，每2个成一对，每对常有一个花粉团较大，倒卵形或其他形状。蒴果纺锤状，具3条纵棱，成熟时沿纵棱开裂。

全属21种，主要产于我国秦岭山脉以南，西至喜马拉雅地区，南至缅甸、老挝和泰国的亚热带地区和热带凉爽地区。我国有21种，主要产于西南、华中和华东，也见于广东和广西的北部和台湾山地。湖北省2种，分布于恩施土家族苗族自治州宣恩县、鹤峰县、利川市，宜昌市五峰土家族自治县，神农架林区，咸宁市通山县。

独蒜兰 生境

贝母兰族 Trib. Arethuseae

独蒜兰属 *Pleione*

60 独蒜兰 *Pleione bulbocodioides*

形态特征： 半附生草本。假鳞茎卵形或卵状圆锥形，上端有颈，顶端 1 叶；叶窄椭圆状披针形或近倒披针形，纸质；叶柄长 2~6.5 cm；花葶生于无叶假鳞茎基部，下部包在圆筒状鞘内，顶端具 1~2 朵花；苞片长于花梗和子房；花粉红至淡紫色，唇瓣有深色斑；中萼片近倒披针形，侧萼片与中萼片等长；花瓣倒披针形，稍斜歪，唇瓣倒卵形，3 微裂，基部楔形稍贴生蕊柱；蒴果近长圆形。

物候期： 花期 4~6 月，果期 6~8 月。

生境： 生于常绿阔叶林下或灌木林缘腐殖质丰富的土壤上或苔藓覆盖的岩石上，海拔 900~2900 m。

分布： 湖北省内常见。

濒危等级： LC 无危。

贝母兰族 Trib. Arethuseae

独蒜兰属 *Pleione*

61 美丽独蒜兰 *Pleione pleionoides*

形态特征: 地生或半附生草本。假鳞茎圆锥形,表面粗糙,顶端具1枚叶。叶在花期尚幼嫩,长成后椭圆状披针形,纸质。花葶从无叶的老假鳞茎基部发出,直立,顶端具1朵花,稀2朵花;花苞片线状披针形,长于花梗和子房;花玫瑰紫色,唇瓣上具黄色褶片;中萼片狭椭圆形,先端急尖;侧萼片亦狭椭圆形,略斜歪,稍宽于中萼片,先端急尖;花瓣倒披针形,多少镰刀状,先端急尖;唇瓣近菱形至倒卵形,极不明显的3裂,前部边缘具细齿,上面具2~4条褶片;褶片具细齿;蕊柱长3.5~4.5cm。

物候期: 花期5~6月,果期7~8月。

生境: 生于林下腐殖质丰富或苔藓覆盖的岩石上或岩壁上,海拔1750~2250m。

分布: 恩施土家族苗族自治州鹤峰县、宣恩县。

濒危等级: VU 易危。

美丽独蒜兰 生境

第十章 沼兰族 Trib. Malaxideae

二十九、石豆兰属
Bulbophyllum Thouars

附生草本。根状茎匍匐,少有直立的,具或不具假鳞茎。假鳞茎紧靠,聚生或疏离,形状、大小变化甚大,具1个节间。叶通常1枚,少有2~3枚,顶生于假鳞茎,无假鳞茎的直接从根状茎上发出;叶片肉质或革质,先端稍凹或锐尖、圆钝,基部无柄或具柄。花葶侧生于假鳞茎基部或从根状茎的节上抽出,比叶长或短,具单花或多朵至许多花组成为总状或近伞状花序;花苞片通常小;花小至中等大;萼片近相等或侧萼片远比中萼片长,全缘或边缘具齿、毛或其他附属物;侧萼片离生或下侧边缘彼此黏合,或由于其基部扭转而使上下侧边缘彼此有不同程度的黏合或靠合,基部贴生于蕊柱足两侧而形成囊状的萼囊;花瓣比萼片小,全缘或边缘具齿、毛等附属物;唇瓣肉质,比花瓣小,向外下弯,基部与蕊柱足末端连接而形成活动或不动的关节;蕊柱短,具翅,基部延伸为足;蕊柱翅在蕊柱中部或基部以不同程度向前扩展,向上伸延为形状多样的蕊柱齿;花药俯倾,2室或由于隔膜消失而成1室;花粉团蜡质,4个成2对,无附属物。

全属约1000种,分布于亚洲、美洲、非洲等热带和亚热带地区,以及大洋洲。我国有98种和3变种,主要产于长江流域及其以南各省区市。湖北省内分布于恩施土家族苗族自治州宣恩县、鹤峰县、巴东县、利川市,宜昌市五峰土家族自治县、兴山县,神农架林区,属下有7种。

短葶卷瓣兰

沼兰族 Trib. Malaxideae　　　　　　　　石豆兰属 *Bulbophyllum*

62 短葶卷瓣兰 *Bulbophyllum brevipedunculatum*

形态特征: 全体无毛;假鳞茎卵球形,在根状茎上分离着生,顶生1枚叶。叶片硬革质,长圆形,先端圆钝且微凹。花葶从假鳞茎基部抽出,光滑细长,远长于叶片;伞房状花序有花4~5朵;花橙色;中萼片卵状披针形,边缘密生腺毛,先端渐尖,具3脉,2枚侧萼片中上部内卷成筒状并靠拢,直伸或稍弯曲,全缘,先端钝尖;花瓣橙色,椭圆形,先端钝圆,基部截形,具白色缘毛;唇瓣厚舌状,肉质,橙红色,基部弯曲,与蕊柱足相连;蕊柱半圆柱形。

物候期: 花期5~6月,果期7~9月。

生境: 常绿阔叶林树干上附生,海拔1800~2100 m。

分布: 发现于恩施土家族苗族自治州宣恩县、黄冈市英山县。

濒危等级: EN 濒危。

短葶卷瓣兰

沼兰族 Trib. Malaxideae

石豆兰属 *Bulbophyllum*

63 锚齿卷瓣兰 *Bulbophyllum hamatum*

形态特征： 附生，全体无毛；假鳞茎卵球形；顶生 1 枚叶。叶片革质，长圆形或披针形；花葶从假鳞茎基部抽出，细长，远长于叶片。基部具 3~4 枚膜质鞘；花序具花 4~5 朵；苞片黄色，膜质；花梗连同子房长约 1.5cm，黄色；花黄色；中萼片卵状披针形，全缘，先端渐尖，2 枚侧萼片中上部内卷成筒状并靠拢，直伸或稍弯曲，全缘，先端钝尖；花瓣宽卵形，先端渐尖，边缘密生腺毛；唇瓣厚舌状，橙黄色，先端圆，基部弯曲，具关节；蕊柱齿中上部弯曲呈钩状或镰刀状似锚。

物候期： 花期 7~8 月，果期 9~10 月。

生境： 生于海拔 950~1200m 的亚热带常绿阔叶林下。

分布： 恩施土家族苗族自治州利川市、宜昌市五峰土家族自治县。

濒危等级： NE 未评估。

沼兰族 Trib. Malaxideae　　　　　　　　石豆兰属 *Bulbophyllum*

64 广东石豆兰 *Bulbophyllum kwangtungense*

形态特征： 根状茎径约 2mm，假鳞茎疏生，直立、圆柱形，顶生1枚叶。叶长圆形，先端稍凹缺。花白或淡黄色；萼片离生，披针形，中部以上两侧内卷，侧萼片比中萼片稍长，萼囊不明显；花瓣窄卵状披针形，长 4~5mm，宽约 0.4mm，全缘，唇瓣肉质，披针形，上面具 2~3 条小脊突，在中部以上合成 1 条较粗的脊；蕊柱足长约 0.5mm，离生部分长约 0.1mm，蕊柱齿牙齿状，几无柄。

物候期： 花期 6~7 月，果期 8~9 月。

生境： 生于海拔约 800m 的山坡林下岩石上。

分布： 神农架林区、鄂西南地区、湖北大别山地区。

濒危等级： LC 无危。

109

沼兰族 Trib. Malaxideae

石豆兰属 *Bulbophyllum*

65 密花石豆兰 *Bulbophyllum odoratissimum*

形态特征： 根状分枝，被筒状膜质鞘，在每相距4~8cm处生1个假鳞茎。根成束，分枝，出自生有假鳞茎的节上。假鳞茎近圆柱形，直立，顶生1枚叶，幼时在基部被3~4枚鞘。叶革质，长圆形先端钝并且稍凹入，基部收窄，近无柄。花葶淡黄绿色，从假鳞茎基部发出，1~2个，直立，比叶长或短；总状花序缩短呈伞状，常点垂，密生10余朵花；花苞片膜质，卵状披针形，具3条脉，淡白色；花稍有香气，初时白色，后变为橘黄色；萼片离生，披针形，其两侧边缘内卷呈窄筒状或钻状；中萼片凹的，卵形具3条脉；侧萼片比中萼片长，常具3条脉；花瓣质地较薄，白色，近卵形，具1条脉；唇瓣橘红色，肉质，舌形，稍向外下弯，基部具短爪并与蕊柱足末端连接，边缘具细乳突或白色腺毛；蕊柱粗短，蕊柱齿短钝，呈三角形或牙齿状，蕊柱足橘红色；药帽近半球形，上面被细乳突。

物候期： 花期4~6月，果期7~8月。

生境： 生于海拔200~2300m的混交林中树干上或山谷岩石上。

分布： 神农架林区。

濒危等级： LC 无危。

沼兰族 Trib. Malaxideae　　　　　　　　　石豆兰属 *Bulbophyllum*

66 毛药卷瓣兰 *Bulbophyllum omerandrum*

形态特征: 假鳞茎生于径约 2mm 的根状茎上，相距 1.5~4cm，卵状球形，顶生 1 枚叶。叶长圆形先端稍凹缺。花黄色；中萼片卵形，先端具 2~3 条髯毛，全缘，侧萼片披针形，长约 3cm，宽 5mm，先端稍钝，基部上方扭转，两侧萼片呈八字形叉开；花瓣卵状三角形，长约 5mm，先端紫褐色、具细尖，上部边缘具流苏，唇瓣舌形，长约 7mm，外弯，下部两侧对折，先端钝，边缘多少具睫毛，近先端两侧面疏生细乳突。

物候期: 花期 3~4 月，果期 5~7 月。

生境: 生于海拔1000~1850m的山地林中树干上或沟谷岩石上。

分布: 神农架林区，恩施土家族苗族自治州巴东县、宣恩县、鹤峰县、利川市，宜昌市兴山县、五峰土家族自治县。

濒危等级: NT 近危。

毛药卷瓣兰

沼兰族 Trib. Malaxideae

石豆兰属 *Bulbophyllum*

67 斑唇卷瓣兰 *Bulbophyllum pecten-veneris*

形态特征： 假鳞茎生于径 1~2mm 的根状茎上相距 0.5~1cm，卵球形，顶生 1 枚叶。叶椭圆形或卵形，先端稍钝或具凹缺。花葶生于假鳞茎基部，伞形花序具 3~9 朵花。花黄绿或黄色稍带褐色；中萼片卵形，先端尾状，具流苏状缘毛，侧萼片窄披针形，先端长尾状，边缘内卷，基部上方扭转上下侧边缘除先端外粘合：花瓣斜卵形，具流苏状缘毛，唇瓣舌形，外弯，先端近尖，无毛。

物候期： 花期 4~6 月，果期 7~8 月。

生境： 生于海拔 1000m 以下的山地林中树干上或林下岩石上。

分布： 神农架林区、宜昌市兴山县。

濒危等级： DD 数据缺乏。

沼兰族 Trib. Malaxideae

石豆兰属 *Bulbophyllum*

68 薄叶卷瓣兰 *Bulbophyllum retusiusculum*

形态特征: 假鳞茎在根状茎上相距 1~3cm，或近紧靠，卵状圆锥形或窄卵形，顶生 1 枚叶。叶长圆形或卵状披针形，先端稍凹缺。花葶从假鳞茎基部抽出，伞形花序具多花；中萼片黄色带紫色脉纹，长圆状卵形或近长方形，先端近平截，有凹缺，全缘，背面稍有乳突，侧萼片金黄色，窄披针形或丝形背面疏生细疣突，基部扭转，两侧萼片上下侧边缘黏合形成宽椭圆形或长角状"合萼"；花瓣黄带紫色脉纹，近方形，全缘，唇瓣舌形，外弯。

物候期: 花期 9~12 月。

生境: 生于海拔 500~2800m 的山地林中树干上或林下岩石上。

分布: 宜昌市五峰土家族自治县。

濒危等级: LC 无危。

三十、石斛属
Dendrobium Sw.

附生草本。茎丛生,少有疏生在匍匐茎上的,直立或下垂,圆柱形或扁三棱形,不分枝或少数分枝,具少数或多数节,有时1至数个节间膨大成种种形状,肉质(亦称假鳞茎)或质地较硬,具少数至多数叶。叶互生,扁平,圆柱状或两侧压扁,先端不裂或2浅裂,基部有关节和通常具抱茎的鞘。总状花序或有时伞形花序,直立、斜出或下垂,生于茎的中部以上节上,具少数至多数朵花,少有退化为单朵花的;花小至大,通常开展;萼片近相似,离生;侧萼片宽阔的基部着生在蕊柱足上,与唇瓣基部共同形成萼囊;花瓣比萼片狭或宽;唇瓣着生于蕊柱足末端,3裂或不裂,基部收狭为短爪或无爪,有时具距;蕊柱粗短,顶端两侧各具1枚蕊柱齿,基部具蕊柱足;蕊喙很小;花粉团蜡质,卵形或长圆形,4个,离生,每2个为一对,几无附属物。

全属约1000种,广泛分布于亚洲热带和亚热带地区至大洋洲。我国有74种和2变种,产于秦岭以南诸省区市,以云南南部为多。湖北省有10种,分布于恩施土家族苗族自治州宣恩县、鹤峰县、利川市,宜昌市五峰土家族自治县,黄冈市英山县,神农架林区木鱼镇、新华镇。

细茎石斛 生境

沼兰族 Trib. Malaxideae

石斛属 *Dendrobium*

69 单叶厚唇兰 *Dendrobium fargesii*

形态特征： 假鳞茎斜立，近卵形，顶生 1 枚叶；叶厚革质，干后栗色，卵形或卵状椭圆形，先端圆而凹缺；花单生于假鳞茎顶端，不甚张开；萼片和花瓣淡粉红色，中萼片卵形，侧萼片斜卵状披针形，先端尖，萼囊长约 5mm；花瓣卵状披针形，较侧萼片小，先端尖，唇瓣近白色，小提琴状，长约 2cm，前唇近肾形，伸展，先端深凹，前后唇等宽，宽约 11mm；唇盘具 2 条纵向的龙骨脊，其末端终止于前唇的基部并且增粗呈乳头状；蕊柱粗壮。

物候期： 花期 4~5 月，果期 6~7 月。

生境： 海拔 400~2400m，生于沟谷岩石上或山地林中树干上。

分布： 神农架林区，恩施土家族苗族自治州宣恩县、利川市。

濒危等级： LC 无危。

沼兰族 Trib. Malaxideae

石斛属 *Dendrobium*

70 曲茎石斛 *Dendrobium flexicaule*

形态特征：茎圆柱形，回折状向上弯曲；叶 2~4 枚，互生，长圆状披针形，先端一侧稍钩转，基部具抱茎鞘；花序具 1~2 朵花；花苞片浅白色，卵状三角形，先端急尖；花梗和子房黄绿色带淡紫；花开展，中萼片背面黄绿色，上端稍带淡紫色，长圆形，具 5 条脉；侧萼片背面黄绿色，上端边缘稍带淡紫色，斜卵状披针形，具 5 条脉，萼囊黄绿色，圆锥形；花瓣下部黄绿色，上部近淡紫色，椭圆形，具 5 条脉；唇瓣淡黄色，先端边缘淡紫色，中部以下边缘紫色，宽卵形，不明显 3 裂，上面密布短绒毛；蕊柱黄绿色；药帽乳白色，近菱形。

物候期：花期 5 月，果期 6~8 月。

生境：生于海拔 1200~2000 m 的山谷岩石上。

分布：神农架林区、宜昌市五峰土家族自治县、恩施土家族苗族自治州利川市。

濒危等级：CR 极危。

沼兰族 Trib. Malaxideae

石斛属 *Dendrobium*

71 细叶石斛 *Dendrobium hancockii*

形态特征： 茎直立，质硬，圆柱形，长达 80 cm，具纵棱；叶常 3~6 枚，窄长圆形，先端稍不等 2 圆裂，基部下延为抱茎纸质鞘；花序长 1~2.5 cm，具 1~2 朵花，花序梗长不及 1 cm；花质厚，稍有香气，金黄色，唇瓣裂片内侧具少数红色条纹；中萼片卵状椭圆形，先端尖，侧萼片卵状披针形，较中萼片稍窄，萼囊圆锥形，长约 5 mm；花瓣近椭圆形或斜倒卵形，较中萼片宽，唇瓣较花瓣稍短，较宽，基部具 1 枚胼胝体，中部以上 3 裂，侧裂片近半圆形，包蕊柱，中裂片扁圆形或肾状圆形，上面密被淡绿色乳突状短毛。

物候期： 花期 5~6 月，果期 7~8 月。

生境： 生于海拔 700~1500 m 的山地林中树干上或山谷岩石上。

分布： 神农架林区。

濒危等级： EN 濒危。

沼兰族 Trib. Malaxideae

石斛属 *Dendrobium*

72 霍山石斛 *Dendrobium huoshanense*

形态特征: 茎直立、肉质,从基部上方向上逐渐变细,不分枝,具 3~7 节,淡黄绿色,有时带淡紫红色斑点,干后淡黄色。叶革质,2~3 枚互生于茎的上部,斜出,舌状长圆形,先端钝并且微凹,基部具抱茎的鞘;叶鞘膜质,宿存。总状花序 1~3 个,从落了叶的老茎上部发出,具 1~2 朵花;花序柄长 2~3mm,基部被 1~2 枚鞘;鞘纸质,卵状披针形;花苞片浅白色带栗色,卵形;花梗和子房浅黄绿色;花淡黄绿色,开展;中萼片卵状披针形,具 5 条脉;侧萼片镰状披针形,基部歪斜;萼囊近矩形,末端近圆形;花瓣卵状长圆形,具 5 条脉;唇瓣近菱形,长和宽约相等;蕊柱淡绿色;蕊柱足基部黄色,密生长白毛,两侧偶然具齿突;药帽绿白色,近半球形,顶端微凹。

物候期: 花期 5~6 月,果期 7~8 月。

生境: 生于山地林中树干上和山谷岩石上。

分布: 黄冈市英山县。

濒危等级: EN 濒危。

沼兰族 Trib. Malaxideae

石斛属 *Dendrobium*

73 美花石斛 *Dendrobium loddigesii*

形态特征： 茎柔弱,斜立或下垂,细圆柱形,有时分枝,具多节;叶纸质,2裂互生于茎上,舌形或长圆状披针形,先端稍钩转,基部具鞘;花白或淡紫红色,每束1~2朵花,侧生有叶老茎上端,花序梗长2~3mm;苞片卵形;中萼片卵状长圆形,先端锐尖,侧萼片与中萼片相似,基部歪斜,萼囊近球形;花瓣椭圆形,与萼片等长稍宽;唇瓣近圆形,上面中央金黄色,周边淡紫红色,两面密被柔毛;药帽前端边缘具不整齐齿。

物候期： 花期4~5月,果期6~7月。

生境： 生于海拔400~1500m的山地林中树干上或林下岩石上。

分布： 神农架林区、十堰市竹溪县。

濒危等级： VU 易危。

沼兰族 Trib. Malaxideae

石斛属 *Dendrobium*

74 罗河石斛 *Dendrobium lohohense*

形态特征: 茎直立, 圆柱形, 质稍硬, 具多节, 上部节易生根并长出新枝, 干后金黄色, 具数纵棱; 叶薄革质, 长圆形, 先端尖, 基部具抱茎鞘; 花序侧生于有叶茎端或叶腋, 具单花, 花序梗几无; 花梗和子房长达1.5cm; 花蜡黄色, 稍肉质, 开展; 中萼片椭圆形, 侧萼片斜椭圆形, 较中萼片稍长而窄, 萼囊近球形; 花瓣椭圆形, 唇瓣倒卵形, 较花瓣大, 基部楔形两侧包蕊柱, 前端具不整齐细齿; 蕊柱顶端两侧各具2个蕊柱齿; 蒴果椭圆状球形。

物候期: 花期5~6月, 果期7~8月。

生境: 生于海拔980~1500m的山谷或林缘的岩石上。

分布: 神农架林区、十堰市竹溪县。

濒危等级: EN 濒危。

沼兰族 Trib. Malaxideae

石斛属 *Dendrobium*

75 大花石斛 *Dendrobium wilsonii*

形态特征: 茎直立或斜立,细圆柱形,通常长10~30cm,粗4~6mm,不分枝,具节,节间长1.5~2.5cm;叶革质,二列互生于茎的上部,窄长圆形,先端稍不等2裂,基部具抱茎鞘;花序1~4个,生于已落叶的老茎上部,具1~2朵花;花白色或淡红色;中萼片长圆状披针形,侧萼片与中萼片等大,基部较宽,歪斜,萼囊半球状;花瓣近椭圆形,与萼片等长且稍宽,先端锐尖;唇瓣白色,具黄绿色斑块,卵状披针形,较萼片稍短而甚宽,不明显3裂,基部楔形,具胼胝体,侧裂片直立,半圆形;中裂片卵形,先端尖;唇盘中央具1个黄绿色的斑块,密被短毛;药帽近半球形,密布细乳突。

物候期: 花期5月。

生境: 生于海拔1000~1300m的山地阔叶林中树干上或林下岩石上。

分布: 恩施土家族苗族自治州宣恩县、鹤峰县,神农架林区,宜昌市五峰土家族苗族自治县。

濒危等级: EN 濒危。

大花石斛

沼兰族 Trib. Malaxideae

石斛属 *Dendrobium*

76 石斛 *Dendrobium nobile*

形态特征： 茎直立，稍扁圆柱形，长达 60 cm，上部常多少回折状弯曲，下部细圆柱形，具多节；叶革质，长圆形，先端不等 2 裂，基部具抱茎鞘；花序生于具叶或已落叶的老茎中部以上茎节，具 1~4 朵花，花序梗长 0.5~1.5 cm；苞片膜质，卵状披针形；花大，白色且先端淡紫红色，有时全体淡紫红色；中萼片长圆形，侧萼片与中萼片相似，基部歪斜，萼囊倒圆锥形，花瓣稍斜宽卵形，具短爪，全缘，唇瓣宽倒卵形，基部两侧有紫红色条纹，具短爪，两面密被绒毛，唇盘具紫红色大斑块；药帽前端边缘具尖齿。

物候期： 花期 4~5 月，果期 6~8 月。

生境： 生于海拔 480~1700 m 的山地林中树干上或山谷岩石上。

分布： 宜昌市五峰土家族自治县。

濒危等级： VU 易危。

石斛

石斛

沼兰族 Trib. Malaxideae

石斛属 *Dendrobium*

77 铁皮石斛 *Dendrobium officinale*

形态特征: 茎直立, 圆柱形, 不分枝, 具多节; 叶2裂, 纸质, 长圆状披针形, 先端钝并且多少钩转, 基部下延为抱茎的鞘, 边缘和中肋常带淡紫色; 叶鞘常具紫斑, 老时其上缘与茎松离而张开, 并且与节留下1个环状铁青的间隙。总状花序常从落了叶的老茎上部发出; 花序轴回折状弯曲; 苞片干膜质, 浅白色, 卵形, 先端稍钝; 萼片和花瓣黄绿色, 近相似, 长圆状披针形, 具5条脉; 侧萼片基部较宽阔; 萼囊圆锥形, 末端圆形; 唇瓣白色, 基部具1枚绿色或黄色的胼胝体, 卵状披针形, 中部反折, 中部以下两侧具紫红色条纹; 唇盘密布细乳突状毛; 蕊柱黄绿色。

物候期: 花期3~5月, 果期6~8月。

生境: 生于海拔达1600m的山地半阴湿的岩石上。

分布: 神农架林区、黄冈市英山县。

濒危等级: EN 濒危。

铁皮石斛

三十一、羊耳蒜属
Liparis Rich.

　　地生或附生草本，通常具假鳞茎或有时具多节的肉质茎。假鳞茎密集或疏离，外面常被有膜质鞘。叶1至数枚，基生或茎生 (地生种类)，或生于假鳞茎顶端或近顶端的节上 (附生种类)，草质、纸质至厚纸质，多脉，基部多少具柄，具或不具关节。花葶顶生，直立、外弯或下垂，常稍呈扁圆柱形并在两侧具狭翅；总状花序疏生或密生多花；花苞片小，宿存；花小或中等大，扭转；萼片相似，离生或极少两枚侧萼片合生，平展，反折或外卷；花瓣通常比萼片狭，线形至丝状；唇瓣不裂或偶见3裂，有时在中部或下部缢缩，上部或上端常反折，基部或中部常有胼胝体，无距；蕊柱一般较长，多少向前弓曲，上部两侧常多少具翅，极少具4翅或无翅，无蕊柱足；花药俯倾，极少直立；花粉团4个，成2对，蜡质，无明显的花粉团柄和黏盘。蒴果球形至其他形状，常多少具3钝棱。

　　全属有426种，广泛分布于全球热带与亚热带地区，少数种类也见于北温带。我国有72种，其中湖北省分布于恩施土家族苗族自治州各县，宜昌市五峰土家族自治县、长阳土家族自治县、兴山县，神农架林区，十堰市竹溪县，咸宁市通山县。属下有9种。

小羊耳蒜

沼兰族 Trib. Malaxideae

羊耳蒜属 *Liparis*

78 镰翅羊耳蒜 *Liparis bootanensis*

形态特征： 附生草本；假鳞茎密集，卵形或窄卵状圆柱形，顶生 1 叶，窄长圆状倒披针形或近窄椭圆形，纸质或坚纸质，有关节；叶柄长 1~7cm；花葶高大，花序外弯或下垂，具数朵至 20 余花，花常黄绿色，中萼片近长圆形，侧萼片与中萼片近等长，略宽，花瓣窄线形，唇瓣近宽长圆状倒卵形，前缘有不规则细齿，基部有 2 枚胼胝体；蕊柱上部两侧有翅；蒴果倒卵状椭圆形；果柄长 0.8~1cm。

物候期： 花期 8~10 月，果期 10~11 月。

生境： 生于岩壁阴处，海拔 400~800m。

分布： 恩施土家族苗族自治州。

濒危等级： LC 无危。

沼兰族 Trib. Malaxideae

羊耳蒜属 *Liparis*

79 羊耳蒜 *Liparis campylostalix*

形态特征： 地生草本。假鳞茎宽卵形，较小，外被白色的薄膜质鞘。叶 2 枚，卵形至卵状长圆形，先端急尖或钝，近全缘，基部收狭成鞘状柄，无关节。花葶长 10~25cm；总状花序具数朵至 10 余朵花；花苞片卵状披针形，长 1~2mm；花梗和子房长 5~10mm；花淡紫色；中萼片线状披针形，具 3 条脉；侧萼片略斜歪，比中萼片宽(约 1.8mm)，亦具 3 条脉；花瓣丝状；唇瓣近倒卵状椭圆形，从中部多少反折，先端近浑圆并有短尖，边缘具不规则细齿，基部收狭，无胼胝体；蕊柱长约 2.5mm，稍向前弯曲，顶端具钝翅，基部多少扩大、肥厚。

物候期： 花期 6~7 月，果期 8~9 月。

生境： 生于林下岩石积土上或松林下草地上，海拔 1100~3100m。

分布： 湖北省内广泛分布。

濒危等级： LC 无危。

羊耳蒜

沼兰族 Trib. Malaxideae

羊耳蒜属 *Liparis*

80 小羊耳蒜 *Liparis fargesii*

形态特征： 附生小草本，常成丛生长。假鳞茎近圆柱形，平卧，新假鳞茎发自老假鳞茎近顶端的下方，彼此相连接而匍匐于岩石上，顶端具 1 枚叶。叶椭圆形或长圆形，坚纸质，先端浑圆或钝，基部骤然收狭成柄，有关节。花葶长 2~4cm；花序柄扁圆柱形，两侧具狭翅，下部无不育苞片；总状花序具 2~3 朵花；花苞片很小，狭披针形；花梗和子房长 8~9mm；花淡绿色；萼片线状披针形，先端钝，边缘常外卷，具 1 条脉；花瓣狭线形；唇瓣近长圆形，中部略缢缩而呈提琴形，先端近截形并微凹，凹缺中央有时有细尖，基部无胼胝体但略增厚；蒴果倒卵形。

物候期： 花期 9 月，果期 10 月。

生境： 生于林中或荫蔽处的石壁或岩石上，海拔 300~1400m。

分布： 神农架林区、宜昌市五峰土家族自治县、恩施土家族苗族自治州利川市。

濒危等级： NT 近危。

沼兰族 Trib. Malaxideae

羊耳蒜属 *Liparis*

81 黄花羊耳蒜 *Liparis luteola*

形态特征：附生草本，较矮小。假鳞茎稍密集，近卵形，顶端具 2 枚叶。叶线形或线状倒披针形，纸质，先端渐尖，基部逐渐收狭成柄，有关节。花葶长 6~16 cm；花序柄略压扁，两侧有狭翅，靠近花序下方有时有 1 枚不育苞片；总状花序长 3~6 cm，具数朵至 10 余朵花；花苞片披针形；花乳白绿色或黄绿色；萼片披针状线形或线形，先端钝，中脉在背面稍隆起；侧萼片通常略宽于中萼片；花瓣丝状；唇瓣长圆状倒卵形，先端微缺并在中央具细尖，近基部有一肥厚的纵脊，脊的前端有 1 枚 2 裂的胼胝体；蕊柱纤细，上部具翅。蒴果倒卵形。

物候期：花果期 12 月至次年 2 月。

生境：生于林中树上或岩石上。

分布：宜昌市五峰土家族自治县。

濒危等级：VU 易危。

沼兰族 Trib. Malaxideae

羊耳蒜属 *Liparis*

82 见血青 *Liparis nervosa*

形态特征： 地生草本；茎或假鳞茎圆柱状，肉质，有数节，常包于叶鞘之内；叶 2~5 枚，卵形或卵状椭圆形，膜质或草质，长 5~16cm，基部成鞘状柄，无关节；花葶生于茎顶；花序具数朵至 10 余朵花；苞片三角形；花紫色；中萼片线形或宽线形，边缘外卷，侧萼片窄卵状长圆形，稍斜歪，花瓣丝状，唇瓣长圆状倒卵形，先端平截，微凹，基部具 2 枚近长圆形胼胝体；蕊柱长 4~5mm，上部两侧有窄翅；蒴果倒卵状长圆形或窄椭圆形。

物候期： 花期 5~7 月，果期 8~9 月。

生境： 生于林下、溪谷旁、草丛阴处或岩石覆土上，海拔 1000~2100m。

分布： 广泛分布。

濒危等级： LC 无危。

见血青

沼兰族 Trib. Malaxideae

羊耳蒜属 *Liparis*

83 长唇羊耳蒜 *Liparis pauliana*

形态特征： 地生草本。假鳞茎卵形或卵状长圆形，被多枚白色薄膜鞘；叶(1)2 枚，卵形或椭圆形，膜质或草质，边缘皱波状，具不规则细齿，基部成鞘状柄，无关节；花葶长达 28 cm，花序常疏生数花；苞片长 1.5~3 mm；花淡紫色，萼片常淡黄绿色，线状披针形，侧萼片稍斜歪；花瓣近丝状，唇瓣倒卵状椭圆形，近基部常有 2 条纵褶片；蕊柱长 3.5~4.5 mm，顶端具翅，基部肥厚；蒴果倒卵形，上部有 6 条翅，翅宽达 1.5 mm，果柄长 1~1.2 cm。

物候期： 花期 5~6 月，果期 6~7 月。

生境： 生于林下阴湿处或岩石缝中，海拔 600~1200 m。

分布： 宜昌市五峰土家族自治县。

濒危等级： LC 无危。

沼兰族 Trib. Malaxideae

羊耳蒜属 *Liparis*

84 裂瓣羊耳蒜 *Liparis fissipetala*

形态特征： 附生草本。假鳞茎密集，纺锤形或狭卵形，上部具 4 枚叶，其中 2 枚顶生。叶狭倒卵形，先端浑圆并具短尖，边缘皱波状，基部收狭成短柄，有关节。花葶近无翅，靠近花序下方有 1~3 枚不育苞片；总状花序疏生数朵或 10 余朵花；花苞片绿色，卵状披针形；花梗和子房长 4~5mm；花黄色；中萼片长圆状披针形，先端急尖，具 1 条脉；侧萼片近长圆形，内缘从中部以下合生成合萼片；合萼片卵状长圆形，较中萼片短而宽；花瓣狭线形，先端 2 深裂；裂片略叉开；唇瓣由前唇与爪组成；前唇长圆形，先端微凹，基部两侧有耳；爪宽线形，与前唇连接处有 1 枚横向的和 1 枚斜向的褶片状胼胝体；蕊柱直立，上部两侧有近钝三角形的宽翅。蒴果球形或宽椭圆形；果梗长 3~4mm。

物候期： 花期 8~9 月，果期 9~10 月。

生境： 生于林中树上，海拔 1200m。

分布： 宜昌市五峰土家族自治县。

濒危等级： CR 极危。

沼兰族 Trib. Malaxideae

羊耳蒜属 *Liparis*

85 齿突羊耳蒜 *Liparis rostrata*

形态特征: 地生草本。假鳞茎很小,卵形,外被白色的薄膜质鞘。叶 2 枚,卵形,膜质或草质,先端急尖或钝,全缘,基部收狭并下延成鞘状柄,无关节;鞘状柄长 1~2cm 或更长,围抱花葶下部。花序柄圆柱形,略扁,两侧有狭翅;总状花序具数朵花;花苞片卵形;花梗和子房长 5~10mm;花绿色或黄绿色;萼片狭长圆状披针形或狭长圆形,先端钝,具 3 条脉;侧萼片略斜歪;花瓣丝状或狭线形,具 1 条脉;唇瓣近倒卵形,先端具短尖,边缘有不规则齿,基部收狭,无胼胝体;蕊柱稍向前弯曲,顶端有翅,基部扩大,在前方有 2 个肥厚的齿状突起。

物候期: 花期 5~7 月,果期 7~8 月。

生境: 生于沟边铁杉林下石上覆土中,海拔 2650m。

分布: 恩施土家族苗族自治州利川市。

濒危等级: DD 数据缺乏。

齿突羊耳蒜

沼兰族 Trib. Malaxideae

羊耳蒜属 *Liparis*

86 长茎羊耳蒜 *Liparis viridiflora*

形态特征： 附生草本；假鳞茎稍密集，常圆柱形，基部常稍平卧，上部育立，顶端具 2 叶；叶线状倒披针形或线状匙形，纸质，叶长 8~25cm，有关节；花葶长达 30cm，外弯，花序长达 20cm，具数十朵花；苞片薄膜质；花梗和子房长 4~7mm；花绿白或淡绿黄色；中萼片近椭圆形，边缘外卷，侧萼片卵状椭圆形，略宽于中萼片；花瓣窄线形，唇瓣近卵状长圆形，边缘略波状，中部外弯，无胼胝体；蕊柱长 1.5~2mm，顶端有翅；蒴果倒卵状椭圆形。

物候期： 花期 9~10 月，果期 10~11 月。

生境： 生于林中或山谷阴处的树上或岩石上，海拔 200~2300m。

分布： 恩施土家族苗族自治州宣恩县。

濒危等级： LC 无危。

沼兰族 Trib. Malaxideae

羊耳蒜属 *Liparis*

86 长茎羊耳蒜 *Liparis viridiflora*

三十二、原沼兰属
Malaxis Sol. ex Sw.

地生,较少为半附生或附生草本,通常具多节的肉质茎或假鳞茎,外面常被有膜质鞘。叶通常2~8枚,较少1枚,草质或膜质,有时稍肉质,近基生或茎生,多脉,基部收狭成明显的柄;叶柄常多少抱茎,无关节。花葶顶生,通常直立,无翅或罕具狭翅;总状花序具数朵或数十朵花;花苞片宿存;花一般较小;萼片离生,相似或侧萼片较短而宽,通常展开;花瓣一般丝状或线形,明显比萼片狭窄,较少近似于萼片;唇瓣通常位于上方(子房扭转360°),极罕位于下方(子房扭转180°),不裂或2~3裂,有时先端具齿或流苏状齿,基部常有一对向蕊柱两侧延伸的耳,较少无耳或耳向两侧横展;蕊柱一般很短,直立,顶端常有2齿;花药生于蕊柱顶端后侧,直立或俯倾,一般在花枯萎后仍宿存;花粉团4个,成2对,蜡质,无明显的花粉团柄和黏盘,仅在基部黏合。蒴果较小,椭圆形至球形。

全属约有182种,广泛分布于全球热带与亚热带地区,少数种类也见于北温带。我国有2种,其中湖北省仅有1种,分布于宜昌市五峰土家族自治县、神农架林区。

沼兰

沼兰族 Trib. Malaxideae　　　　　　　　　　　　　原沼兰属 *Malaxis*

87 原沼兰 *Malaxis monophyllos*

形态特征: 地生草本; 假鳞茎卵形; 叶常1枚, 卵形、长卵形或近椭圆形; 叶柄多少鞘状, 长3~8cm, 抱茎和上部离生; 花葶长达40cm, 花序具数十朵花; 苞片长2~2.5mm; 花梗和子房长2.5~4mm; 花淡黄绿或淡绿色; 中萼片披针形或窄卵状披针形, 侧萼片线状披针形; 花瓣近丝状或极窄披针形, 唇瓣长3~4mm, 先端骤窄成窄披针状长尾(中裂片), 唇盘近圆形或扁圆形, 中央略凹下, 两侧边缘肥厚, 具疣状突起, 基部两侧有短耳; 蕊柱粗; 蒴果倒卵形或倒卵状椭圆形。

物候期: 花期7~8月, 果期8~9月。

生境: 生于林下、灌丛中或草坡上, 海拔变化较大。

分布: 神农架林区。

濒危等级: LC无危。

三十三、鸢尾兰属
Oberonia Lindl.

　　附生草本，常丛生，直立或下垂。茎短或稍长，常包藏于叶基之内。叶2裂，近基生或紧密地着生于茎上，通常两侧压扁，极少近圆柱形，稍肉质，近基部常稍扩大成鞘而彼此套叠，叶脉不明显或干后多少可见，基部具或不具关节。花葶从叶丛中央或茎的顶端发出，下部常多少具不育苞片，较少花葶下部与叶合生而扁化成叶状；总状花序一般具多数或极多数朵花；花苞片小，边缘常多少呈啮蚀状或有不规则缺刻；花很小，直径仅1~2mm，常多少呈轮生状；萼片离生，相似；花瓣通常比萼片狭，少有大于萼片者，边缘有时啮蚀状；唇瓣通常3裂，少有不裂或4裂，边缘有时呈啮蚀状或有流苏；侧裂片常围抱蕊柱；蕊柱短，直立，无蕊柱足，近顶端常有翅状物；花药顶生，俯倾，顶端加厚而呈帽状；花粉团4个，成2对，蜡质，无花粉团柄，基部有一小团的黏性物质；柱头凹陷，位于前上方；蕊喙小。

　　全属有323种，主要分布于热带亚洲，也见于热带非洲大陆至马达加斯加、澳大利亚和太平洋岛屿。我国有39种，产南部诸省区市。湖北省分布于恩施土家族苗族自治州建始县，宜昌市五峰土家族自治县，属下有2种。

宝岛鸢尾兰

沼兰族 Trib. Malaxideae 鸢尾兰属 *Oberonia*

88 宝岛鸢尾兰 *Oberonia pumila*

形态特征： 根状茎细长，匍匐，具节，每相距 5~7mm 着生叶簇。茎短，具 5 枚叶。叶两侧压扁，肉质，2 裂套叠，椭圆形或椭圆状披针形，基部不具关节。花葶长约 3cm，近直立；总状花序密生多数小花；花苞片小，卵状披针形；花梗和子房绿色；花浅绿色至浅褐色，不扭转；萼片卵形，先端急尖，稍凹陷，多少反折；花瓣线形，略弧曲，先端钝；唇瓣轮廓为狭卵状长圆形，先端叉状 2 深裂，边缘具不规则锯齿；小裂片略叉开或稍外弯，线状披针形；蕊柱短。

物候期： 花期 4~5 月，果期 5~7 月。

生境： 生于林下，海拔 800~1500m。

分布： 神农架林区、宜昌市五峰土家族自治县、恩施土家族苗族自治州建始县。

濒危等级： EN 濒危。

宝岛鸢尾兰

沼兰族 Trib. Malaxideae

鸢尾兰属 *Oberonia*

89 狭叶鸢尾兰 *Oberonia caulescens*

形态特征: 茎明显。叶5~6枚, 2裂互生于茎上, 两侧压扁, 肥厚, 线形, 先端渐尖或急尖, 边缘在干后常呈皱波状, 下部内侧具干膜质边缘, 脉略可见, 基部有关节。花葶生于茎顶端, 近圆柱形, 无翅, 在花序下方有数枚不育苞片, 披针形; 总状花具数十朵或更多的花; 花序轴较纤细; 花苞片披针形, 先端渐尖, 边缘有不规则的缺刻或近全缘; 花淡黄色或淡绿色, 较小; 中萼片卵状椭圆形, 先端钝; 侧萼片近卵形, 稍凹陷, 大小与中萼片相近; 花瓣近长圆形, 先端近浑圆; 唇瓣轮廓为倒卵形, 基部两侧各有1个钝耳或有时耳不甚明显, 先端2深裂; 先端小裂片狭卵形、卵形至近披针形, 叉开或伸直, 先端短渐尖或急尖; 蕊柱粗短, 直立。蒴果倒卵状椭圆形。

物候期: 花期6~7月, 果期8~9月。

生境: 生于林中树上或岩石上, 海拔700~1800m, 但在西藏可上升至3700m。

分布: 神农架林区。

濒危等级: NT 近危。

三十四、小沼兰属
Oberonioides Szlach.

陆生或石生小草本，丛生。假鳞茎卵球形，肉质。叶单生，抱茎，肉质光滑无褶皱，具叶柄，基部无节。总状花序直立；花序梗圆柱状，远长于轴，无毛。花轮生。萼片凹陷，离生；花瓣线形，具1条脉；唇瓣无柄，具3裂；侧裂片线形或三角形，包围柱状；中裂片较大；蕊柱肉质，2裂；花药生于蕊柱顶端后侧直立；花粉团4个，分叉，无明显的花粉团柄和黏盘；退化雄蕊不存在；蒴果倒卵球形。

全世界有2种，分布在中国、泰国；中国仅有1种分布，其中湖北省有1种，分布于神农架林区、咸宁市通山县、麻城市。

小沼兰

沼兰族 Trib. Malaxideae

小沼兰属 *Oberonioides*

90 小沼兰 *Oberonioides microtatantha*

形态特征： 地生小草本。假鳞茎小，卵形或近球形，外被白色的薄膜质鞘。叶 1 枚，接近铺地，卵形至宽卵形，长 1~2cm，宽 5~13mm，先端急尖，基部近截形，有短柄；叶柄鞘状，抱茎。花葶纤细，常紫色，略扁，两侧具窄翅，花序长达 2cm，具 10~20 朵花；苞片长约 0.5mm，多少包花梗；花梗和子房长 1~1.3mm；花黄色；中萼片宽卵形或近长圆形，边缘外卷，侧萼片三角状卵形，与中萼片相似；花瓣线状披针形或近线形，唇瓣位于下方，近披针状三角形或舌状，中部宽约 0.6mm，基部两侧有 1 对横展的耳，耳线形或窄长圆形；蕊柱粗短。

物候期： 花期 4~5 月，果期 5~6 月。

生境： 生于林下或阴湿处的岩石上，海拔 200~600m。

分布： 神农架林区、咸宁市通山县、麻城市。

濒危等级： NT 近危。

第十一章 兰族 Trib. Cymbidieae

三十五、兰 属
Cymbidium Sw.

附生或地生草本,罕有腐生,通常具假鳞茎;假鳞茎卵球形、椭圆形或梭形,较少不存在或延长成茎状,通常包藏于叶基部的鞘之内。叶数枚至多枚,通常生于假鳞茎基部或下部节上,2 裂,带状或罕有倒披针形至狭椭圆形,基部一般有宽阔的鞘并围抱假鳞茎,有关节。花葶侧生或发自假鳞茎基部,直立、外弯或下垂;总状花序具数花或多花,较少减退为单花;花苞片长或短,在花期不落;花较大或中等大;萼片与花瓣离生,多少相似;唇瓣 3 裂,基部有时与蕊柱合生达 3~6mm;侧裂片直立,常多少围抱蕊柱,中裂片一般外弯;唇盘上有 2 条纵褶片,通常从基部延伸到中裂片基部,有时末端膨大或中部断开,较少合而为一;蕊柱较长,常多少向前弯曲,两侧有翅,腹面凹陷或有时具短毛,花粉团 2 个,有深裂隙,或 4 个而形成不等大的 2 对,蜡质,以很短的、弹性的花粉团柄连接于近三角形的黏盘上。

全属约 55 种,分布于亚洲、大洋洲热带与亚热带地区,向南到达新几内亚岛和澳大利亚。我国有 49 种,广泛分布于秦岭山脉以南地区,湖北省有 7 种,省内广泛分布。

蕙兰

兰族 Trib. Cymbidieae

兰属 *Cymbidium*

91 建兰 *Cymbidium ensifolium*

形态特征: 地生植物;假鳞茎卵球形;叶带形,有光泽,前部边缘有时有细齿,花葶直立,一般短于叶;花苞片除最下面的 1 枚长可达 1.5~2cm 外,其余的长 5~8mm,一般不及花梗和子房长度的 1/3,最多不超过 1/2;花常有香气,色泽变化较大,通常为浅黄绿色而具紫斑;萼片近狭长圆形或狭椭圆形;侧萼片常向下斜展;花瓣狭椭圆形或狭卵状椭圆形,近平展 唇瓣近卵形,略 3 裂 侧裂片直立,上面有小乳突 中裂片较大,卵形,外弯,边缘波状,亦具小乳突;唇盘上 2 条纵褶片从基部延伸至中裂片基部;蕊柱两侧具狭翅;蒴果狭椭圆形。

物候期: 花期 4~6 月,果期 6~8 月。

生境: 生于疏林下、灌丛中、山谷旁或草丛中,海拔 600~1800 m。

分布: 鄂西山地。

濒危等级: VU 易危。

兰族 Trib. Cymbidieae

兰属 *Cymbidium*

92 蕙兰 *Cymbidium faberi*

形态特征: 地生草本。假鳞茎不明显;叶带形,近直立基部常对折呈 V 形,叶脉常透明、有粗齿;花葶稍外弯,花序具 5~11 朵或多花;苞片线状披针形,最下 1 枚长于子房,中上部的长 1~2 cm;花梗和子房长 2~2.6 cm;花常淡黄绿色,唇瓣有紫红色斑,有香气;萼片近披针状长圆形或窄倒卵形;花瓣与萼片相似,常略宽短,唇瓣长圆状卵形,3 裂,侧裂片直立,具小乳突或细毛,中裂片较长,外弯,有乳突,边缘常皱波状,唇盘 2 条褶片上端内倾,多少形成短管;蕊柱长 1.2~1.6 cm;花粉团 4 个,成 2 对;蒴果窄椭圆形。

物候期: 花期 3~5 月,果期 5~7 月。

生境: 生于湿润但排水良好的透光处,海拔 700~3000 m。

分布: 湖北省内广泛分布。

濒危等级: LC 无危。

兰族 Trib. Cymbidieae   兰属 *Cymbidium*

93 多花兰 *Cymbidium floribundum*

形态特征: 附生植物; 假鳞茎近卵球形; 叶5~6枚, 带形, 坚纸质, 背面下部中脉较侧脉更为凸起; 花葶近直立或外弯, 花序具10~50朵花; 苞片小; 花较密集, 萼片与花瓣红褐色, 稀绿黄色, 唇瓣白色, 侧裂片与中裂片有紫红色斑, 褶片黄色; 萼片窄长圆形; 花瓣窄椭圆形, 唇瓣近卵形, 3裂, 侧裂片直立, 具小乳突, 中裂片具小乳突, 唇盘有2褶片, 褶片末端靠合; 蕊柱长1.1~1.4cm, 略前弯; 花粉团2个, 三角形; 蒴果近长圆形。

物候期: 花期4~7月, 果期7~9月。

生境: 生于林中或林缘树上, 或溪谷旁透光的岩石上或岩壁上, 海拔100~2500 m。

分布: 广泛分布于鄂西山地。

濒危等级: VU 易危。

兰族 Trib. Cymbidieae   兰属 *Cymbidium*

94 春兰 *Cymbidium goeringii*

形态特征: 地生草本; 假鳞茎卵球形; 叶带形, 下部常多少对折呈V形; 花葶直立, 明显短于叶; 花序具单朵花, 极罕2朵; 花苞片长而宽, 多少围抱子房; 花色泽变化较大, 通常为绿色或淡褐黄色而有紫褐色脉纹, 有香气; 萼片近长圆形至长圆状倒卵形; 花瓣倒卵状椭圆形至长圆状卵形; 唇瓣近卵形, 不明显3裂; 侧裂片直立, 具小乳突, 在内侧靠近纵褶片处各有1个肥厚的皱褶状物; 中裂片较大, 强烈外弯, 上面亦有乳突, 边缘略呈波状; 唇盘上2条纵褶片从基部上方延伸中裂片基部以上; 蕊柱两侧有较宽的翅; 花粉团4个, 成2对。蒴果狭椭圆形。

物候期: 花期2~4月, 果期4~5月。

生境: 生于多石山坡、林缘、林中透光处, 海拔300~2200 m。

分布: 湖北省内广泛分布。

濒危等级: VU 易危。

兰族 Trib. Cymbidieae

兰属 *Cymbidium*

95 寒兰 *Cymbidium kanran*

形态特征: 地生草本；假鳞茎窄卵球形；叶3~7枚，带形，薄革质，前部常有细齿；花葶长25~60cm，总状花序疏生5~12朵花；苞片窄披针形；花梗和子房长2~2.5cm；花常淡黄绿色，唇瓣淡黄色，有浓香；萼片近线形或线状窄披针形；花瓣常窄卵形或卵状披针形，唇瓣近卵形，微3裂，侧裂片直立，有乳突状柔毛，中裂片外弯，上面有乳突状柔毛，边缘稍有缺刻，唇盘2条褶片，上部内倾靠合成短管；蕊柱长1~1.7cm；花粉团4个，成2对；蒴果窄椭圆形。

物候期: 花期8~10月，果期11~12月。

生境: 生于疏林下、竹林下、林缘、阔叶林下或溪谷旁的岩石上、树上或地上，海拔300~2200m。

分布: 恩施土家族苗族自治州宣恩县、黄冈市英山县。

濒危等级: VU 易危。

兰族 Trib. Cymbidieae

兰属 *Cymbidium*

96 兔耳兰 *Cymbidium lancifolium*

形态特征: 半附生草本; 假鳞茎近扁圆柱形或窄梭形, 有节, 多少裸露, 顶端聚生2~4枚叶; 叶倒披针状长圆形或窄椭圆形; 花葶生于假鳞茎下部侧面节上, 花序具2~6朵花; 苞片披针形; 花常白或淡绿色, 花瓣中脉紫粟色, 唇瓣有紫粟色斑; 萼片倒披针状长圆形; 花瓣近长圆形, 唇瓣近卵状长圆形, 稍3裂, 侧裂片直立, 中裂片外弯, 唇盘2条褶片上端内倾靠合形成短管; 蒴果窄椭圆形, 长约 5 cm, 宽约 1.5 cm。

物候期: 花期5~6月, 果期6~8月。

生境: 生于疏林下、竹林下、林缘、阔叶林下或溪谷旁的岩石上、树上或地上, 海拔300~2200 m。

分布: 神农架林区, 恩施土家族苗族自治州鹤峰县、宣恩县、利川市、咸丰县, 宜昌市五峰土家族自治县。

濒危等级: LC 无危。

兰族 Trib. Cymbidieae

兰属 *Cymbidium*

97 大根兰 *Cymbidium macrorhizon*

形态特征： 腐生植物，叶退化，亦无假鳞茎，地下有根状茎；根状茎肉质，白色，斜生或近直立，常分枝，具节，具不规则疣状突起。花葶直立，紫红色，中部以下具数枚圆筒状的鞘；总状花序具 2~5 朵花；花苞片线状披针形；花梗和子房长 2~2.5 cm，后期可继续延长；花白色带黄色至淡黄色，萼片与花瓣常有 1 条紫红色纵带，唇瓣上有紫红色斑；萼片狭倒卵状长圆形；花瓣狭椭圆形；唇瓣近卵形，略 3 裂；侧裂片直立，具小乳突；中裂片较大，稍下弯；唇盘上 2 条纵褶片从基部延伸至中裂片基部，上端向内倾斜并靠合，多少形成短管；蕊柱长约 1 cm，稍向前弯曲，两侧具狭翅；花粉团 4 个，成 2 对，宽卵形。

物候期： 花期 6~8 月，果期 8~9 月。

生境： 生于河边林下、马尾松林缘或开旷山坡上，海拔 700~1500 m。

分布： 宜昌市五峰土家族自治县。

濒危等级： NT 近危。

三十六、美冠兰属
Eulophia R. Br. ex Lindl.

　　地生草本或极罕腐生。茎膨大成球茎状、块状或其他形状假鳞茎, 位于地下或地上, 通常具数节, 疏生少数较粗厚的根。叶数枚, 基生, 有长柄, 叶柄常互相套叠成假茎状, 有关节, 腐生种类无绿叶。花葶从假鳞茎侧面节上发出, 直立; 总状花序有时有分枝而形成圆锥花序, 极少减退为单花; 萼片离生, 相似, 侧萼片常稍斜歪; 花瓣与中萼片相似或略宽; 唇瓣通常3裂并以侧裂片围抱蕊柱, 少有不裂, 多少直立, 唇盘上常有褶片、鸡冠状脊、流苏状毛等附属物, 基部大多有距或囊, 较少无距无囊; 蕊柱长或短, 常有翅; 蕊柱足有或无; 花药顶生, 向前俯倾, 不完全2室, 药帽上常有2个暗色突起; 花粉团2个, 多少有裂隙, 蜡质, 具短而宽阔的黏盘柄和圆形黏盘。

　　全属约200种, 主要分布于非洲, 其次是亚洲热带与亚热带地区, 美洲和大洋洲也有分布。我国有13种。湖北省产1种, 分布于神农架林区、黄冈市。

美冠兰

兰族 Trib. Cymbidieae

美冠兰属 *Eulophia*

98 美冠兰 *Eulophia graminea*

形态特征：假鳞茎圆锥形或近球形，多少露出地面；叶3~5枚，花后出叶，线形或线状披针形 叶柄套叠成短的假茎；苞片草质，线状披针形；花橄榄绿色，唇瓣白色，具淡紫红色褶片；中萼片倒披针状线形，侧萼片常略斜歪而稍大；花瓣近窄卵形，唇瓣近倒卵形或长圆形，3裂，中裂片近圆形，唇盘有3~5条褶片，从基部延伸至中裂片，中裂片褶片呈流苏状，距圆筒状或略棒状，略前弯；蕊柱长4~5mm，无蕊柱足；蒴果下垂，椭圆形。

物候期：花期4~5月，果期6~7月。

生境：生于疏林中草地上、山坡阳处，海拔900~1200m。

分布：黄冈市红安县。

濒危等级：LC 无危。

第十二章　树兰族 Trib. Epidendreae

三十七、独 花 兰 属
Changnienia S. S. Chien

　　地生草本，地下球状假鳞茎。叶1枚，叶基部骤然收狭，有长柄。花葶自假鳞茎顶端发出，有2枚鞘；花单朵，较大，生于花葶顶端；萼片与花瓣离生，展开；3枚萼片相似；花瓣较萼片宽而短；唇瓣较大，3裂，基部有距；距较粗大，向末端渐狭，近角形；蕊柱近直立，两侧有翅；花粉团4个，成2对，蜡质，黏着于近方形的黏盘上。

　　单种属，仅见于我国亚热带地区。湖北省内分布于鄂西山地及大别山地区。属下仅1个种，即独花兰 *Changnienia amoena*。

独花兰

树兰族 Trib. Epidendreae　　　　　　　　　　　　　独花兰属 *Changnienia*

99 独花兰 *Changnienia amoena*

形态特征： 地生草本；假鳞茎近椭圆形或宽卵球形，肉质，近淡黄白色，有2节，被膜质鞘。叶1枚，宽卵状椭圆形至宽椭圆形，背面紫红色。花葶假鳞茎顶端，紫色，具2枚鞘，花单朵，顶生；苞片小，早落；花白色，带肉红或淡紫色晕，唇瓣有紫红色斑点；萼片长圆状披针形，侧萼片稍斜歪；花瓣窄倒卵状披针形，3裂，侧裂片斜卵状三角形，中裂片宽倒卵状方形，具不规则波状缺刻，唇盘在2侧裂片间具5条褶片状附属物，距角状。

物候期： 花期3~4月，果期4~6月。

生境： 生于疏林下腐殖质丰富的土壤上或沿山谷荫蔽的地方。

分布： 神农架林区、恩施土家族苗族自治州、湖北大别山国家级自然保护区。

濒危等级： EN 濒危。

三十八、杜鹃兰属
Cremastra Lindl.

　　地生草本，地下具根状茎与假鳞茎。假鳞茎球茎状或近块茎状，基部密生多数纤维根。叶1~2枚，生于假鳞茎顶端，通常狭椭圆形，有时有紫色粗斑点，基部收狭成较长的叶柄。花葶从假鳞茎上部一侧节上发出，直立或稍外弯，较长，中下部具2~3枚筒状鞘；总状花序具多朵花；花苞片较小，宿存；花中等大；萼片与花瓣离生，近相似，展开或多少靠合；唇瓣下部或上部3裂，基部有爪并具浅囊；侧裂片常较狭而呈线形或狭长圆形；中裂片基部有1枚肉质突起；蕊柱较长，上端略扩大，无蕊柱足；花粉团4个，成2对，两侧稍压扁，蜡质，共同附着于黏盘上。

　　全属仅2种，分布于印度北部、尼泊尔、不丹、泰国、越南、日本和我国秦岭以南地区。湖北省内分布于恩施土家族苗族自治州宣恩县、巴东县、利川市，宜昌市夷陵区，五峰土家族自治县，黄冈市英山县、罗田县，神农架林区松柏镇，十堰市竹溪县。属下有2种：无叶杜鹃兰*Cremastra aphylla*和杜鹃兰*Cremastra appendiculata*。

杜鹃兰

树兰族 Trib. Epidendreae

杜鹃兰属 *Cremastra*

100 无叶杜鹃兰 *Cremastra aphylla*

形态特征： 腐生植物，茎高达 45 cm，叶全部退化。根少，从球茎基部发出，纤维状，长达 2.3 cm，根状茎丛生。伞形花序，5~12 朵，部分被一些管状的褐色鞘，深褐色紫色；花苞片斜披针形，钝，长 17 mm，宽 3.0 mm。花无毛，2 裂，下垂；花被裂片的花梗子房和背面深棕紫色；花被裂片的正面棕紫色具深色斑纹；唇瓣偏白，有花梗，子房圆柱状，反折，长达 18 mm；中萼片钝，5 条脉，侧萼片镰刀状。

物候期： 花期 6~7 月，果期 6~7 月。

生境： 生于海拔 800~2000 m 的山地林下。

分布： 宜昌市五峰土家族自治县、恩施土家族苗族自治州宣恩县。

濒危等级： NE 未评估。

无叶杜鹃兰

树兰族 Trib. Epidendreae   杜鹃兰属 *Cremastra*

101 杜鹃兰 *Cremastra appendiculata*

形态特征:假鳞茎卵球形或近球形;叶常1枚,窄椭圆形或倒披针状窄椭圆形。花葶长达70cm,花序具5~22朵花;苞片披针形或卵状披针形;花常偏向一侧,多少下垂,不完全开放,有香气,窄钟形,淡紫褐色;萼片倒披针形,中部以下近窄线形,侧萼片略斜歪;花瓣倒披针形,唇瓣与花瓣近等长,线形,3裂,侧裂片近线形,中裂片卵形或窄长圆形,基部2侧裂片间具肉质突起;蕊柱细,顶端略扩大,腹面有时有窄翅。蒴果近椭圆形,下垂。

物候期: 花期5~6月,果期6~7月。

生境: 生于林下湿地或沟边湿地上,海拔500~2900m。

分布: 鄂西广泛分布。

濒危等级: NT 近危。

三十九、山兰属
Oreorchis Lindl.

地生草本，地下具纤细的根状茎；根状茎上生有球茎状的假鳞茎；假鳞茎具节，基部疏生纤维根。叶1~2枚，生于假鳞茎顶端，线形至狭长圆状披针形，具柄，基部常有1~2枚膜质鞘。花葶从假鳞茎侧面节上发出，直立；花序不分枝，总状，具数花至多花；花苞片膜质，宿存；花小至中等大；萼片与花瓣离生，相似或花瓣略狭小，展开；两枚侧萼片基部有时多少延伸成浅囊状；唇瓣3裂、不裂或仅中部两侧有凹缺 (钝3裂)，基部有爪，无距，上面常有纵褶片或中央有具凹槽的胼胝体；蕊柱一般稍长，略向前弓曲，基部有时膨大并略凸出而呈蕊柱足状，但无明显的蕊柱足；花药俯倾；花粉团4个，近球形，蜡质，具1个共同的黏盘柄和小的黏盘。

全属约16种，分布于喜马拉雅地区至日本和西伯利亚。我国有11种。湖北省有2种，分布于恩施土家族苗族自治州宣恩县、鹤峰县、利川市，宜昌市五峰土家族自治县，神农架林区。

长叶山兰

树兰族 Trib. Epidendreae

山兰属 *Oreorchis*

102 长叶山兰 *Oreorchis fargesii*

形态特征： 假鳞茎椭圆形至近球形，有 2~3 节，外被撕裂成纤维状的鞘。叶 1~2 枚，线状披针形或线形，生于假鳞茎顶端，有关节，关节下方由叶柄套叠成假茎状。花葶从假鳞茎侧面发出，直立；总状花序具较密集的花；花苞片卵状披针形；花梗和子房长 7~12mm；花常白色并有紫纹；萼片长圆状披针形；花瓣狭卵形至卵状披针形；唇瓣轮廓为长圆状倒卵形，近基部处 3 裂，基部有长约 1mm 的爪；侧裂片线形，边缘多少具细缘毛；中裂片近椭圆状倒卵形，上半部边缘多少皱波状，先端有不规则缺刻；蒴果狭椭圆形。

物候期： 花期 5~6 月，果期 6~8 月。

生境： 生于林下、灌丛中或沟谷旁，海拔 700~2600m。

分布： 神农架林区，恩施土家族苗族自治州宣恩县、利川市。

濒危等级： NT 近危。

树兰族 Trib. Epidendreae

山兰属 *Oreorchis*

103 山兰 *Oreorchis patens*

形态特征： 假鳞茎卵球形至近椭圆形，长 1~2cm，具 2~3 节，外被撕裂成纤维状的鞘。叶 1~2 枚，四季常绿，生于假鳞茎顶端，线形或狭披针形，长 13~30cm，宽 1~2cm；花葶从假鳞茎侧面发出，直立，长 20~52cm，中下部有 2~3 枚筒状鞘，总状花序疏生数朵至 10 余朵花；花唇瓣爪长度约为总长的 1/4，唇瓣侧裂片镰曲，唇盘纵褶片脊状，花黄褐色至淡黄色，唇瓣白色并有紫斑；蒴果长圆形，长约 1.5cm。

物候期： 花期 6~7 月，果期 9~10 月。

生境： 生于海拔约 1500m 的林下、林缘、路边灌丛中。

分布： 恩施土家族苗族自治州巴东县。

濒危等级： NT 近危。

山兰

四十、筒距兰属
Tipularia Nutt.

地生草本，地下具假鳞茎。假鳞茎球茎状或圆筒状。叶1枚，生于假鳞茎顶端，通常卵形至卵状椭圆形，偶有紫斑，基部骤然收狭成柄，花期有叶或叶已凋萎。花葶亦发自假鳞茎近顶端处，直立，明显长于叶，基部有鞘；总状花序疏生多朵花；花苞片很小或早落；花较小；萼片与花瓣离生，展开；唇瓣从下部或近基部处3裂，有时唇盘上有小的肉质突起，基部有长距；距圆筒状，较纤细，常向后平展或向上斜展；蕊柱近直立，中等长；花粉团4个，蜡质，有明显的黏盘柄和不甚明显的黏盘。

全属7种，分布于美国、加拿大、日本和我国台湾、四川和西藏等地。我国有4种，湖北省产1种，分布于恩施土家族苗族自治州来凤县。

筒距兰

树兰族 Trib. Epidendreae

筒距兰属 *Tipularia*

104 筒距兰 *Tipularia szechuanica*

形态特征： 假鳞茎暗紫色，圆柱形，罕为卵状圆锥形，横走，中部常有1节；叶1枚，卵形，先端渐尖，长2~4 cm；花黄褐或棕紫色；中萼片窄长圆状披针形，侧萼片窄长圆状镰形，与中萼片等长，基部贴生蕊柱足形成萼囊；花瓣与萼片等长而较宽，先端锐尖，唇瓣长约1cm，前部3裂，侧裂片淡黄带紫黑色斑点，三角形，先端内弯，中裂片黄色，横长圆形，先端平截或稍凹缺，唇盘无毛或具短毛，具3条褶片，侧生褶片弧形较高，中间的呈龙骨状。

物候期： 花期5~7月，果期7~9月。

生境： 生于海拔580~1900 m的常绿阔叶林下或山间溪边。

分布： 恩施土家族苗族自治州来凤县。

濒危等级： NT 近危。

第十三章 吻兰族 Trib. Collabieae

四十一、虾脊兰属
Calanthe R. Br.

　　地生草本。根圆柱形，细长而密被淡灰色长绒毛。根状茎有或无。假鳞茎通常粗短，圆锥状，很少不明显或伸长为圆柱形的。叶少数，常较大，少有狭窄而呈剑形或带状，全缘或波状，基部收窄为长柄或近无柄，柄下为鞘。花葶出自当年生由低出叶和叶鞘所形成的假茎上端的叶丛中，或侧生于茎的基部，直立，不分枝，下部具鞘或鳞片状苞片，通常密被毛，少数无毛；总状花序具少数至多数花；花苞片小或大，宿存或早落；花通常张开，小至中等大；萼片近相似，离生；花瓣比萼片小；唇瓣常比萼片大而短，基部与部分或全部蕊柱翅合生而形成长度不等的管，少有贴生在蕊柱足末端而与蕊柱分离的，分裂或不裂，有距或无距；唇盘具附属物或无附属物；蕊柱通常粗短，无足或少数具短足，两侧具翅，翅向唇瓣基部延伸或不延伸；蕊喙分裂或不分裂；柱头侧生；花粉团蜡质，8个，每4个为一群；花粉团柄明显或不明显，共同附着于1个粘质物上。

　　全属约150种，分布于亚洲热带和亚热带地区、新几内亚岛、澳大利亚、热带非洲以及中美洲。我国有49种及5变种，主要产于长江流域及其以南各省区市。湖北省内广泛分布，属下有18种。

泽泻虾脊兰

吻兰族 Trib. Collabieae

虾脊兰属 *Calanthe*

105 泽泻虾脊兰 *Calanthe alismatifolia*

形态特征: 根状茎不明显; 假鳞茎细圆柱形; 花期叶全放, 椭圆形或卵状椭圆形, 两面无毛或疏被毛; 叶柄纤细; 花葶纤细, 约与叶等长, 被短毛; 苞片宿存, 宽卵状披针形, 边缘波状; 花白色, 或带淡紫色; 萼片近倒卵形, 背面被黑褐色糙伏毛; 花瓣近菱形, 无毛; 唇瓣与蕊柱翅合生, 前伸, 3裂, 侧裂片线形或窄长圆形, 先端圆钝, 两侧裂片之间具数个瘤状突起, 密被灰色长毛, 中裂片扇形, 先端近平截, 2深裂; 距圆筒形, 纤细。

物候期: 花期6~7月, 果期7~8月。

生境: 生于海拔800~1700m的常绿阔叶林下。

分布: 神农架林区, 恩施土家族苗族自治州宣恩县、鹤峰县。

濒危等级: LC 无危。

吻兰族 Trib. Collabieae　　　　　　　　　　　　　　　　虾脊兰属 *Calanthe*

106 流苏虾脊兰 *Calanthe alpina*

形态特征： 植株高达 50 cm。假鳞茎窄圆锥形，聚生。花期叶全放，椭圆形或倒卵状椭圆形，先端短尖，两面无毛；具鞘状短柄。苞片宿存，窄披针形，较花梗和子房短，无毛；花无毛，萼片和花瓣白色，先端带绿色或淡紫色，先端芒尖；中萼片近椭圆形，侧萼片卵状披针形；花瓣似萼片，较窄，唇瓣白色，后部黄色，前部具紫红色条纹，与蕊柱中部以下的蕊柱翅合生，半圆状扇形，前缘具流苏，先端稍凹具细尖；距圆筒形，淡黄或淡紫色。

物候期： 花期 6~7 月，果期 8~9 月。

生境： 生于海拔 1500~2500 m 的山地林下和草坡上。

分布： 神农架林区。

濒危等级： LC 无危。

吻兰族 Trib. Collabieae

虾脊兰属 *Calanthe*

107 弧距虾脊兰 *Calanthe arcuata*

形态特征: 假鳞茎近聚生,圆锥形。叶窄椭圆状披针形,边缘常波状,两面无毛;叶柄短。花葶密被毛,花序疏生约10花;苞片宿存,窄披针形,无毛;萼片和花瓣背面黄绿色,内面红褐色,无毛;中萼片窄披针形,侧萼片斜披针形,与中萼片等大;花瓣线形,与萼片等长较窄,唇瓣白,先端带紫色,与蕊柱翅合生,3裂,侧裂片近斜卵状三角形,前端边缘有时具齿,中裂片椭圆状菱形,先端芒尖,基部楔形或具爪,边缘波状具不整齐齿。

物候期: 花期5~6月,果期7~8月。

生境: 生于海拔 1400~2500m 的山地林下或山谷覆有薄土层的岩石上。

分布: 神农架林区、宜昌市五峰土家族自治县、恩施土家族苗族自治州巴东县。

濒危等级: VU 易危。

虾脊兰属 *Calanthe*

108 肾唇虾脊兰 *Calanthe brevicornu*

形态特征: 假鳞茎近聚生,圆锥形,具3~4枚鞘和3~4枚叶。叶在花期未全部展开,椭圆形或倒卵状披针形。花葶高出叶外,被短毛,花序疏生多花;苞片宿存,披针形;萼片和花瓣黄绿色;中萼片长圆形,被毛,侧萼片斜长圆形或近披针形,与中萼片近等大,被毛;花瓣长圆状披针形,较萼片短,具爪,无毛,唇瓣具短爪,与蕊柱翅中部以下合生,3裂,侧裂片镰状长圆形,先端斜截,中裂片近肾形或圆形,具短爪,先端具短尖。

物候期: 花期5~6月,果期6~8月。

生境: 生于海拔1600~2700m的山地密林下。

分布: 神农架林区。

濒危等级: LC 无危。

吻兰族 Trib. Collabieae

虾脊兰属 *Calanthe*

109 剑叶虾脊兰 *Calanthe davidii*

形态特征： 植株聚生。假鳞茎短小，被鞘和叶基所包。花期叶全展开，剑形或带状，长达 65 cm，两面无毛。花葶远高出叶外，密被短毛；花序密生多花；苞片宿存，反折，窄披针形，背面被毛；花黄绿、白或有时带紫色，萼片和花瓣反折；萼片近椭圆形；花瓣窄长圆状倒披针形，与萼片等长，具爪，无毛，唇瓣宽三角形，3 裂，侧裂片长圆形、镰状长圆形或卵状三角形，先端斜截或钝，中裂片 2 裂，裂口具短尖，裂片近长圆形向外叉开，先端斜平截。

物候期： 花期 6~7 月，果期 7~8 月。

生境： 生于海拔 1600~2700m 的山地密林下。

分布： 广泛分布于鄂西地区。

濒危等级： LC 无危。

吻兰族 Trib. Collabieae

虾脊兰属 *Calanthe*

110 **虾脊兰** *Calanthe discolor*

形态特征: 假鳞茎聚生,近圆锥形,具3~4鞘和3叶。叶在花期全部未展开,倒卵状长圆形至椭圆状长圆形,下面被毛;花葶高出叶外,密被毛,花序疏生10余花;苞片宿存,卵状披针形;花开展,萼片和花瓣褐紫色;中萼片稍斜椭圆形,背面中部以下被毛,侧萼片与中萼片等大;花瓣近长圆形或倒披针形,无毛;唇瓣白色,扇形,与蕊柱翅合生,与萼片近等长,3裂,侧裂片镰状倒卵形,先端稍向中裂片内弯,中裂片倒卵状楔形,先端深凹。

物候期: 花期4~5月,果期6~7月。

生境: 生于海拔100~1500m的常绿阔叶林下。

分布: 神农架林区、咸宁市赤壁市。

濒危等级: LC 无危。

吻兰族 Trib. Collabieae

虾脊兰属 *Calanthe*

111 钩距虾脊兰 *Calanthe graciliflora*

形态特征: 根状茎不明显,假鳞茎靠近,近卵球形,具3~4鞘和3~4叶。叶在花期尚未完全展开,椭圆形或椭圆状披针形,两面无毛。花开展,萼片和花瓣背面褐色,内面淡黄色;中萼片近椭圆形,侧萼片近似中萼片较窄;花瓣倒卵状披针形,具短爪,无毛,唇瓣白色,3裂,侧裂片斜卵状楔形,与中裂片近等大,中裂片近方形或倒卵形,先端近平截,稍凹,具短尖;唇盘具4个褐色斑点和3条肉质脊突,延伸至中裂片中部,末端三角形隆起。

物候期: 花期3~5月,果期5~6月。

生境: 生于海拔600~1500 m的山谷溪边、林下等阴湿处。

分布: 广泛分布于鄂西地区和鄂东南山地。

濒危等级: LC 无危。

吻兰族 Trib. Collabieae

虾脊兰属 *Calanthe*

112 叉唇虾脊兰 *Calanthe hancockii*

形态特征： 假鳞茎圆锥形，假茎粗壮。花期叶未展开，近椭圆形，下面被毛，边缘波状。花葶高达 80cm，密被毛；苞片宿存，窄披针形，无毛；花稍垂头，常具难闻气味；萼片和花瓣黄褐色；中萼片长圆状披针形，背面被毛，侧萼片似中萼片，等长，较窄，背面被毛；花瓣近椭圆形，无毛，唇瓣柠檬黄色，具短爪，与蕊柱翅合生，3 裂，侧裂片镰状长圆形，先端斜截，中裂片窄倒卵状长圆形，与侧裂片等宽，先端具短尖；距淡黄色。

物候期： 花期 4~5 月，果期 5~6 月。

生境： 生于海拔 1000~2600m 的山地常绿阔叶林下和山谷溪边。

分布： 恩施土家族苗族自治州宣恩县。

濒危等级： LC 无危。

吻兰族 Trib. Collabieae

虾脊兰属 *Calanthe*

113 疏花虾脊兰 *Calanthe henryi*

形态特征: 根状茎不明显。假鳞茎近聚生, 圆锥形, 具2~3鞘和2~3叶; 叶在花期尚未全部展开, 椭圆形或倒卵状披针形。花葶远高出叶外, 密被毛; 花序疏生少花; 苞片宿存, 披针形, 无毛; 花淡黄绿色; 中萼片长圆形, 先端尖, 被毛, 侧萼片稍斜长圆形, 与中萼片等长较窄, 先端尖, 被毛; 花瓣近椭圆形, 先端尖, 背面基部常被毛; 唇瓣3裂, 侧裂片长圆形, 伸展, 先端斜截; 中裂片近长圆形, 等长于侧裂片, 先端平截, 稍凹, 具短尖。

物候期: 花期4~5月, 果期6~7月。

生境: 生于海拔1600~2100m的山地常绿阔叶林下。

分布: 宜昌市长阳土家族自治县。

濒危等级: VU 易危。

吻兰族 Trib. Collabieae

虾脊兰属 *Calanthe*

114 细花虾脊兰 *Calanthe mannii*

形态特征： 根状茎不明显，假鳞茎圆锥形。叶在花期尚未展开，折扇状，倒披针形或有时长圆形。花葶长达 51 cm，密被毛，花序生 10 余花；苞片宿存，披针形，无毛；萼片和花瓣暗褐色，中萼片卵状披针形或长圆形，背面被毛，侧萼片稍斜，卵状披针形，背面被毛；花瓣倒卵形，较萼片小，无毛，唇瓣金黄色，与蕊柱翅合生，3 裂，侧裂片斜卵形，中裂片横长圆形，先端稍凹具短尖，边缘稍波状，无毛。

物候期： 花期 4~5 月，果期 5~6 月。

生境： 生于海拔 2000~2400 m 的山坡林下。

分布： 神农架林区，恩施土家族苗族自治州利川市、宣恩县，宜昌市五峰土家族自治县。

濒危等级： LC 无危。

吻兰族 Trib. Collabieae

虾脊兰属 *Calanthe*

115 反瓣虾脊兰 *Calanthe reflexa*

形态特征: 根状茎不明显, 假鳞茎粗短。叶椭圆形, 叶柄花期全部展开。花葶高出叶外, 被短毛, 花序疏生多花; 苞片宿存, 窄披针形, 无毛; 花梗纤细, 连同子房均无毛; 花紫红色, 萼片和花瓣反折与子房平行, 中萼片卵状披针形, 先端尾尖, 被毛, 侧萼片与中萼片等大, 歪斜, 先端尾尖, 被毛; 花瓣线形, 无毛, 唇瓣基部与蕊柱中部以下的蕊柱翅合生, 3裂, 侧裂片镰状, 中裂片近椭圆形或倒卵状楔形, 有齿, 无距。

物候期: 花期5~6月, 果期6~8月。

生境: 生于海拔600~2500m的常绿阔叶林下、山谷溪边或生有苔藓的湿石上。

分布: 恩施土家族苗族自治州鹤峰县、宣恩县。

濒危等级: LC 无危。

吻兰族 Trib. Collabieae

虾脊兰属 *Calanthe*

116 大黄花虾脊兰 *Calanthe sieboldii*

形态特征: 假鳞茎紧靠,常较小。花期叶全展开,宽椭圆形。花葶高出叶外,无毛,花序疏生约10花;苞片披针形;花大,鲜黄或柠檬黄色,稍肉质;中萼片椭圆形,先端锐尖,侧萼片斜卵形,较中萼片小,先端锐尖;花瓣窄椭圆形,先端锐尖,唇瓣与蕊柱翅合生,平伸,3深裂,近基部具红色斑块和2排白色短毛,侧裂片斜倒卵形,先端圆钝;中裂片近椭圆形,先端具短尖,唇盘具5条波状脊突;距长8mm,内面被毛。

物候期: 花期3~4月,果期4~5月。

生境: 生于海拔1200~1500m的山地林下。

分布: 宜昌市兴山县、神农架林区。

濒危等级: CR 极危。

吻兰族 Trib. Collabieae　　　　　虾脊兰属 *Calanthe*

117 长距虾脊兰 *Calanthe sylvatica*

形态特征： 植株高达 80 cm，假鳞茎近聚生，圆锥形；花期叶全展开，椭圆形或倒卵形，下面疏被毛。花葶长 45~75 cm，花序疏生数花 苞片宿存，披针形，被毛；花淡紫色，中萼片椭圆形，疏被毛，侧萼片长圆形，先端短尾状，疏被毛；花瓣倒卵形或宽长圆形，唇瓣与蕊柱翅合生，3 裂，侧裂片镰状披针形，中裂片扇形或肾形，先端凹具短尖，具爪，唇盘具 3 列鸡冠状黄色小瘤；距圆筒形；蕊柱无毛，蕊喙 2 裂，裂片斜三角形；药帽先端平截。

物候期： 花期 4~6 月，果期 6~8 月。

生境： 生于海拔 800~2500 m 的山坡林下或山谷河边等阴湿处。

分布： 咸宁市通山县。

濒危等级： LC 无危。

吻兰族 Trib. Collabieae

虾脊兰属 *Calanthe*

118 三棱虾脊兰 *Calanthe tricarinata*

形态特征： 根状茎不明显，假鳞茎圆球状。叶纸质，花期尚未展开，椭圆形或倒卵状披针形，下面密被短毛，边缘波状；基部具鞘柄。花葶长达 60cm，被短毛；苞片宿存，卵状披针形，无毛；花梗和子房被短毛；花开展，萼片和花瓣淡黄色；中萼片长圆状披针形，背面基部疏生毛，侧萼片与中萼片等大；花瓣倒卵状椭圆形，无毛，唇瓣红褐色，在基部上方3裂，侧裂片耳状或近半圆形，中裂片肾形，先端稍凹，具短尖，边缘深波状，无距。

物候期： 花期5~6月，果期6~8月。

生境 生于海拔1600~3500m的山坡草地上或混交林下。

分布： 神农架林区、恩施土家族苗族自治州巴东县、宜昌市五峰土家族自治县。

濒危等级： LC 近危。

吻兰族 Trib. Collabieae

虾脊兰属 *Calanthe*

119 三褶虾脊兰 *Calanthe triplicata*

形态特征: 根状茎不明显,假鳞茎卵状圆柱形。叶椭圆形或椭圆状披针形,边缘常波状。花葶出自叶丛,密被毛,密生多花;苞片宿存,卵状披针形,边缘稍波状;花白或带淡紫红色,萼片和花瓣常反折;中萼片近椭圆形,被短毛,侧萼片稍斜倒卵状披针形,被短毛;花瓣倒卵状披针形,近先端稍缢缩,先端具细尖,具爪,常被毛,唇瓣与蕊柱翅合生,基部具3~4列金黄色瘤状附属物,4裂,平伸,裂片卵状椭圆形或倒卵状椭圆形;距白色,圆筒形。

物候期: 花期4~5月,果期5~7月。

生境: 生于海拔1000~1200 m的常绿阔叶林下。

分布: 神农架林区。

濒危等级: LC无危。

吻兰族 Trib. Collabieae 虾脊兰属 *Calanthe*

120 无距虾脊兰 *Calanthe tsoongiana*

形态特征： 假鳞茎近圆锥形；花期叶未完全展开，叶倒卵状披针形或长圆形，先端渐尖，下面被毛；花葶长达 55 cm，密生毛；花序长 14~16 cm，疏生多花；苞片宿存，长约 4 mm；花淡紫色，萼片长圆形，长约 7 mm，背面中下部疏生毛；花瓣近匙形，长约 6 mm，宽 1.7 mm，无毛；唇瓣与蕊柱翅合生，长约 3 mm，3 裂，裂片长圆形，近等长，侧裂片较中裂片稍宽，宽约 1.3 mm，先端圆，中裂片先端平截凹缺，具细尖；唇盘无褶脊和附属物，无距；蕊柱长约 3 mm，腹面被毛，蕊喙很小，2 裂，药帽先端圆。

物候期： 花期 4~5 月，果期 6~7 月。

生境： 生于海拔 450~1450 m 的山坡林下、路边和阴湿岩石上。

分布： 咸宁市通山县。

濒危等级： NT 近危。

吻兰族 Trib. Collabieae

虾脊兰属 *Calanthe*

121 巫溪虾脊兰 *Calanthe wuxiensis*

形态特征: 假鳞茎小,具3鞘。基生叶3~4枚,开花时不发达,叶片纸质,椭圆形,背面无毛,边缘波状。花葶生于叶腋。花淡黄色,唇瓣白色。萼片椭圆形至长圆披针形,背面无毛。花瓣倒卵形椭圆形。唇瓣贴生于柱翅基部,形成筒状,白色,具3深裂;侧裂片矩形,长翅状,先端逐渐扩大;中裂片从中部向后反折,边缘浅裂,在反折部分有三个暗黄色短峰。

物候期: 花期4~5月,果期5~7月。

生境: 生长于海拔400~600m的湿谷和常绿阔叶林边缘附近。

分布: 神农架林区。

濒危等级: NE 未评估。

巫溪虾脊兰

吻兰族 Trib. Collabieae

虾脊兰属 *Calanthe*

122 峨边虾脊兰 *Calanthe yuana*

形态特征： 植株高达 70 cm，无明显的根状茎。假鳞茎聚生，圆锥形。花期叶未放，椭圆形，先端渐尖，下面被毛。花葶高出叶外，密被毛，疏生 14 花；苞片宿存，披针形，无毛；花黄白色；中萼片椭圆形，无毛，侧萼片椭圆形，先端具短尖，无毛；花瓣斜舌形，先端具短尖，具短爪，唇瓣圆状菱形，与蕊柱翅合生，3 裂，侧裂片镰状长圆形，基部贴生蕊柱翅外缘，中裂片倒卵形，先端圆钝，稍凹，基部楔形。

物候期： 花期 5 月，果期 6~7 月。

生境： 生于海拔 1800 m 的常绿阔叶林下。

分布： 神农架林区、恩施土家族苗族自治州巴东县。

濒危等级： EN 濒危。

四十二、金唇兰属
Chrysoglossum Blume

地生草本，具匍匐根状茎和圆柱状假鳞茎。叶1枚，较大，具长柄和折扇状脉。花葶从根状茎上发出，直立，较长；总状花序疏生多数花；花小至中等大；萼片相似；侧萼片基部彼此不连接，仅贴生于蕊柱足而形成短的萼囊；花瓣近似于侧萼片而较狭；唇瓣以1个活动关节连接于蕊柱足末端，无明显的爪，基部两侧具耳，中部3裂；侧裂片直立；中裂片凹陷；唇盘上面具褶片；蕊柱细长，稍向前弯，基部具粗短的蕊柱足，内侧具1枚肥厚而深裂的胼胝体垂直于蕊柱基部，两侧具翅；翅在蕊柱中部或上部具2个向前伸展的臂；蕊喙短而宽，先端截形，不裂；花药半球形，2室；药帽前端具短尖；花粉团2个，蜡质，圆锥形，附着于松散的黏质物上。

全属约5种，分布于热带亚洲和太平洋岛屿。我国仅见1种，产于南方，湖北省内分布于神农架林区。

金唇兰

吻兰族 Trib. Collabieae　　　　　　　　　　　　　　金唇兰属 *Chrysoglossum*

123 金唇兰 *Chrysoglossum ornatum*

形态特征: 假鳞茎近圆柱形; 叶长椭圆形, 先端短渐尖, 基部下延。总状花序疏生约10花; 苞片披针形, 比花梗和子房短; 花绿色带红棕色斑点; 中萼片长圆形, 先端稍钝, 侧萼片镰状长圆形; 萼囊圆锥形; 花瓣较宽; 唇瓣白色带紫色斑点, 基部两侧具小耳并伸入萼囊内, 3裂; 侧裂片直立, 卵状三角形, 先端圆; 中裂片近圆形, 凹陷; 唇盘具3条褶片, 中央1条较短; 蕊柱白色, 基部扩大; 蕊柱翅在蕊柱中部两侧各具1枚倒齿状的臂。

物候期: 花期4~6月, 果期6~7月。

生境: 生于海拔700~1700m的山坡林下阴湿处。

分布: 神农架林区。

濒危等级: LC 无危。

四十三、吻兰属
Collabium Blume

　　地生草本, 具匍匐根状茎和假鳞茎。假鳞茎细圆柱形或貌似叶柄, 具1节, 被筒状鞘, 顶生1枚叶。叶纸质, 先端锐尖, 基部收狭为长或短的柄, 具关节。花葶从根状茎末端近假鳞茎基部发出, 直立; 总状花序疏生数朵花; 花序柄纤细, 基部被膜质鞘; 花中等大; 萼片相似, 狭窄; 侧萼片基部彼此连接, 并与蕊柱足合生而形成狭长的萼囊或距; 花瓣常较狭; 唇瓣具爪, 贴生于蕊柱足末端, 3裂; 侧裂片直立; 中裂片近圆形, 较大; 唇盘上具褶片; 蕊柱细长, 稍向前弯, 基部具长的蕊柱足, 两侧具翅; 翅常在蕊柱上部扩大成耳状或角状, 向蕊柱基部的萼囊内延伸; 蕊喙短, 先端平截; 花粉团2个, 蜡质, 近圆锥形, 附着于较松散的黏质物上。

　　全属约10种, 分布于热带亚洲和新几内亚岛。我国有3种, 产于南方诸省区市。湖北省在恩施土家族苗族自治州宣恩县发现有分布, 属下有1种, 即台湾吻兰。

台湾吻兰

吻兰族 Trib. Collabieae

吻兰属 *Collabium*

124 台湾吻兰 *Collabium formosanum*

形态特征: 假鳞茎圆柱形。叶卵状长圆状披针形; 总状花序疏生4~9朵花; 花苞片狭披针形, 先端渐尖; 萼片和花瓣绿色, 先端内面具红色斑点; 中萼片狭长圆状披针形, 先端渐尖, 具3条脉; 侧萼片镰刀状倒披针形, 比中萼片稍短而宽, 基部贴生于蕊柱足; 花瓣相似于侧萼片, 具3条脉; 唇瓣白色带红色斑点和条纹, 近圆形, 基部具爪, 3裂; 侧裂片斜卵形, 先端锐尖, 上缘具不整齐的齿; 中裂片倒卵形, 先端近圆形并稍凹入, 边缘具不整齐的齿; 唇盘在两侧裂片之间具2条褶片; 褶片下延到唇瓣的爪上; 距圆筒状。

物候期: 花期5~6月, 果期6~8月。

生境: 生于海拔450~1600m的山坡密林下或沟谷林下岩石边。

分布: 恩施土家族苗族自治州宣恩县。

濒危等级: LC 无危。

四十四、鹤顶兰属
Phaius Lour.

地生草本。根圆柱形，粗壮，长而弯曲，密被淡灰色绒毛。假鳞茎丛生，长或短，具少至多数节，常被鞘。叶大，数枚，互生于假鳞茎上部，基部收狭为柄并下延为长鞘，具折扇状脉，干后变靛蓝色；叶鞘紧抱于茎或互相套叠而形成假茎。花葶1~2个，侧生于假鳞茎节上或从叶腋中发出，高于或低于叶层；花序柄疏被少数鞘；总状花序疏生少数或密生多数花；花苞片大，早落或宿存；花通常大，美丽；萼片和花瓣近等大；唇瓣基部贴生于蕊柱基部，与蕊柱分离或与蕊柱基部上方的蕊柱翅多少合生，具短距或无距，近3裂或不裂，两侧围抱蕊柱；蕊柱长而粗壮，上端扩大，两侧具翅；蕊喙大或有时不明显，不裂；柱头侧生；花药2室；花粉团8个，蜡质，每4个为一群，附着于1个黏质物上。

全属45种，广布于非洲热带地区、亚洲热带和亚热带地区至大洋洲。我国有11种，产于南方诸省区市，尤其盛产于云南南部。湖北省有1种，分布于恩施土家族苗族自治州鹤峰县；宜昌市五峰土家族自治县。

黄花鹤顶兰

吻兰族 Trib. Collabieae

鹤顶兰属 *Phaius*

125 黄花鹤顶兰 *Phaius flavus*

形态特征: 假鳞茎卵状圆锥形; 叶长椭圆形或椭圆状披针形, 基部收窄成柄, 两面无毛, 常具黄色斑块; 花葶侧生假鳞茎基部或基部以上, 粗壮, 不高出叶层, 稀基部具短分枝, 无毛; 苞片宿存花柠檬黄色, 上举, 不甚开展; 中萼片长圆状倒卵形, 无毛, 侧萼片斜长圆形, 与中萼片等长, 稍窄, 无毛; 花瓣长圆状倒披针形, 与萼片近等长, 无毛; 唇瓣贴生蕊柱基部, 与蕊柱分离, 倒卵形, 前端3裂, 无毛; 距白色, 末端钝; 蕊柱白色, 纤细, 上端扩大, 正面两侧密被白色长柔毛; 蕊喙肉质, 半圆形; 药帽白色, 在前端不伸长, 先端锐尖; 药床宽大; 花粉团卵形, 近等大。

物候期: 花期4~5月, 果期5~7月。

生境: 生于海拔300~2100m的山坡林下阴湿处。

分布: 恩施土家族苗族自治州鹤峰县、宜昌市五峰土家族自治县。

濒危等级: LC 无危。

四十五、带唇兰属
Tainia Blume

地生草本。根状茎横生，被覆瓦状排列的鳞片状鞘，具密布灰白色长绒毛的肉质根。假鳞茎肉质，卵球形、狭卵状圆柱形，长纺锤形或长圆柱形，具单节间，罕有多节间的，幼时被鞘，顶生1枚叶。叶大，纸质，折扇状，具长柄；叶柄具纵条棱，无关节或在远离叶基处具1个关节，基部被筒状鞘。花葶侧生于假鳞茎基部，直立，不分枝，被少数筒状鞘；总状花序具少数至多数花；花苞片膜质，披针形，比花梗和子房短；花梗和子房直立，伸展，无毛；花中等大，开展；萼片和花瓣相似，侧萼片贴生于蕊柱基部或蕊柱足上；唇瓣贴生于蕊柱足末端，直立，基部具短距或浅囊，不裂或前部3裂；侧裂片多少围抱蕊柱；中裂片上面具脊突或褶片；蕊柱向前弯曲，两侧具翅，基部具蕊柱足；蕊喙不裂；药帽半球形，顶端两侧具或不具隆起的附属物；花粉团8个，蜡质，倒卵形至压扁的哑铃形，每4个为一群，等大或其中2个较小，无明显的花粉团柄和粘盘。

全属约18种，分布于喜马拉雅至日本南部，以及东南亚及其邻近岛屿。我国有9种，产于长江以南各省区市。湖北省有1种，分布于恩施土家族苗族自治州利川市、来凤县、咸宁市通山县。

带唇兰

吻兰族 Trib. Collabieae

带唇兰属 *Tainia*

126 带唇兰 *Tainia dunnii*

形态特征： 假鳞茎暗紫色，圆柱形，罕为卵状圆锥形，下半部常较粗，被膜质鞘，顶生 1 枚叶；叶窄长圆形，先端渐尖，叶柄长 2~6 cm；花黄褐或棕紫色；中萼片窄长圆状披针形，侧萼片窄长圆状镰形，与中萼片等长，基部贴生蕊柱足形成萼囊；花瓣与萼片等长而较宽，先端锐尖，唇瓣长约 1 cm，前部 3 裂，侧裂片淡黄带紫黑色斑点，三角形，先端内弯，中裂片黄色，横长圆形，先端平截或稍凹缺，唇盘无毛或具短毛，具 3 条褶片，侧生褶片弧形较高，中间的呈龙骨状。

物候期： 花期 3~4 月，果期 4~6 月。

生境： 生于海拔 580~1900 m 的常绿阔叶林下或山间溪边。

分布： 恩施土家族苗族自治州利川市、来凤县，咸宁市通山县。

濒危等级： NT 近危。

第十四章 柄唇兰族 Trib. Podochileae

四十六、蛤兰属
Conchidium Griff.

附生植物，通常具根状茎。根状茎匍匐。茎常膨大成1节间的假鳞茎，球状、盘状或长卵形，常被压扁，有或无网装鞘覆盖。叶1~4枚，通常生于假鳞茎顶端，倒卵状披针形，近无柄，叶柄渐细，有节。花序顶生，单花；花序梗丝状；花苞罩盖，膜质。花白色、淡绿色或黄色；中萼片三角形，渐尖；侧生萼片斜三角形或披针形，渐尖，形成一明显具柱足的喙突。花瓣倒卵状披针形或长圆形，渐尖或钝；唇全缘或3裂，具爪，上面通常有纵脊或胼胝体；蕊柱短或长；花粉团8个，压缩，卵球形；喙截形。蒴果圆柱形。

全世界分布约10种，分布在不丹、印度北部、日本南部、老挝、缅甸、尼泊尔、泰国、越南；中国分布有5种（1种特有种）。湖北省仅在恩施土家族苗族自治州利川市发现有分布，属下有1种，即高山蛤兰*Conchidium japonicum*。

柄唇兰族 Trib. Podochileae

蛤兰属 *Conchidium*

127 高山蛤兰 *Conchidium japonicum*

形态特征： 假鳞茎密集，长卵形，具1~2枚膜质叶鞘，顶端具2枚叶。叶长椭圆形或线形，先端渐尖，基部收狭，具4~5条主脉。花序1个，着生于叶的内侧，纤细，有毛，具1~4朵花；花苞片卵形，先端锐尖；花梗被毛；花白色；中萼片窄椭圆形，先端钝；侧萼片卵形，偏斜，先端锐尖；花瓣椭圆状披针形，近等长于中萼片，先端圆钝；唇瓣轮廓近倒卵形，基部收狭成爪状，3裂；侧裂片直立，三角形，先端锐尖；中裂片近四方形，肉质，先端近平截，中间稍有凹缺。

物候期： 花期6~7月，果期7~9月。

生境： 生于海拔700~900m的岩壁上。

分布： 恩施土家族苗族自治州利川市。

濒危等级： LC 无危。

第十五章 万代兰族 Trib. Vandeae

四十七、盆距兰属
Gastrochilus D. Don

附生草本，具粗短或细长的茎。茎具少数至多数节，节上长出长而弯曲的根。叶多数，稍肉质或革质，通常2裂互生，扁平，先端不裂或2~3裂，基部具关节和抱茎的鞘。花序侧生，比叶短，不分枝或少有分枝的，花序柄和花序轴粗壮或纤细；总状花序或常常由于花序轴缩短而呈伞形花序，具少数至多数朵花；花小至中等大，多少肉质；萼片和花瓣近相似，多少伸展成扇状；唇瓣分为前唇和后唇（囊距），前唇垂直于后唇而向前伸展；后唇牢固地贴生于蕊柱两侧，与蕊柱近于平行，盔状、半球形或近圆锥形，少有长筒形的；蕊柱粗短，无蕊柱足；蕊喙短，2裂；花药俯倾，药帽半球形，其前端收狭；花粉团蜡质，2个，近球形，具1个孔隙；黏盘厚，一端2叉裂，黏盘柄扁而狭长。

全属约47种，分布于亚洲热带和亚热带地区。我国有28种，产长江以南，台湾和西南为多。湖北省有1种，分布于恩施土家族苗族自治州宣恩县、利川市，黄冈市罗田县，神农架林区。

台湾盆距兰

万代兰族 Trib. Vandeae

盆距兰属 *Gastrochilus*

128 台湾盆距兰 *Gastrochilus formosanus*

形态特征： 茎常匍匐，长达37cm，粗2mm；叶长圆形或椭圆形，长2~2.5cm，宽3~7mm，先端尖；伞形总状花序，具2~3朵花，花序梗长1~1.5cm；花淡黄带紫红色斑点；中萼片椭圆形，长4.8~5.5mm，侧萼片斜长圆形，与中萼片等大，花瓣倒卵形，长4~5mm，前唇白色，宽三角形或近半圆形，长2.2~3.2mm，宽7~9mm，先端近平截或圆钝，全缘或稍波状，上面垫状物黄色，密被乳突状毛，后唇近杯状，长5mm，上端口缘与前唇近同一水平面。

物候期： 花期不定期。

生境： 生于海拔500~2500m的山地林中树干上。

分布： 恩施土家族苗族自治州宣恩县、利川市，黄冈市罗田县，神农架林区。

濒危等级： NT近危。

四十八、槽舌兰属
Holcoglossum Schltr.

附生草本。茎短，被宿存的叶鞘所包，具许多长而较粗的根。叶肉质，圆柱形或半圆柱形，近轴面具纵沟，或横切面为V字形的狭带形，先端锐尖，基部具关节并且扩大为彼此套叠的鞘。花序侧生，不分枝，总状花序具少数至多数朵花；花苞片比花梗和子房短；花较大，萼片在背面中肋增粗或呈龙骨状突起；侧萼片较大，常歪斜；花瓣稍较小，或与中萼片相似；唇瓣3裂；侧裂片直立，中裂片较大，基部常有附属物；距通常细长而弯曲，向末端渐狭；蕊柱粗短，具翅，无蕊柱足或具很短的足；蕊喙短而尖，2裂；花粉团蜡质，2个，球形，具裂隙；黏盘柄狭窄，向基部变狭；黏盘比黏盘柄宽。

全世界分布17种，分布于东南亚、东亚、印度东北部。我国有17种。湖北省恩施土家族苗族自治州利川市分布有1种。

短距槽舌兰

万代兰族 Trib. Vandeae

槽舌兰属 *Holcoglossum*

129 短距槽舌兰 *Holcoglossum flavescens*

形态特征: 茎缩短,具数枚密生的叶;叶半圆柱形或带状,稍V字形对折,斜立而外弯,近轴面具宽浅凹槽;花开展,萼片和花瓣白色;中萼片椭圆形,侧萼片斜长圆形,与中萼片等大;花瓣椭圆形,唇瓣白色,3裂,侧裂片卵状三角形,内面具红色条纹,中裂片宽卵状菱形,先端圆钝或有时稍凹缺,边缘波状,基部具1枚宽卵状三角形的黄色胼胝体,中央凹下,两侧呈脊突状隆起;距角状,前弯。

物候期: 花期5~6月,果期6~8月。

生境: 生于海拔1200~2000 m的常绿阔叶林中树干上。

分布: 恩施土家族苗族自治州利川市。

濒危等级: VU 易危。

四十九、钗子股属
Luisia Gaudich.

附生草本。茎簇生, 圆柱形, 木质化, 通常坚挺, 具多节, 疏生多数叶。叶肉质, 细圆柱形, 基部具关节和鞘。总状花序侧生, 远比叶短, 花序轴粗短, 密生少数至多数朵花; 花通常较小, 多少肉质; 萼片和花瓣离生, 相似或花瓣较长而狭; 侧萼片与唇瓣前唇并列而向前伸, 在背面中肋常增粗或向先端变成翅, 有时翅伸出先端之外又收狭呈细尖或变为钻状; 唇瓣肉质, 牢固地着生于蕊柱基部, 中部常缢缩而形成前后 (上下) 唇; 后唇常凹陷, 基部常具围抱蕊柱的侧裂片 (耳); 前唇常向前伸展, 上面常具纵皱纹或纵沟; 蕊柱粗短, 半圆柱形, 无蕊柱足; 蕊喙短而宽, 先端近截形; 花粉团蜡质, 球形, 2个, 具孔隙; 黏盘柄短而宽, 黏盘与黏盘柄等宽或更宽。

全世界有39种, 分布于热带亚洲至大洋洲。我国有13种, 产于南部热带地区。湖北省有2种, 分布于神农架林区、宜昌市兴山县。

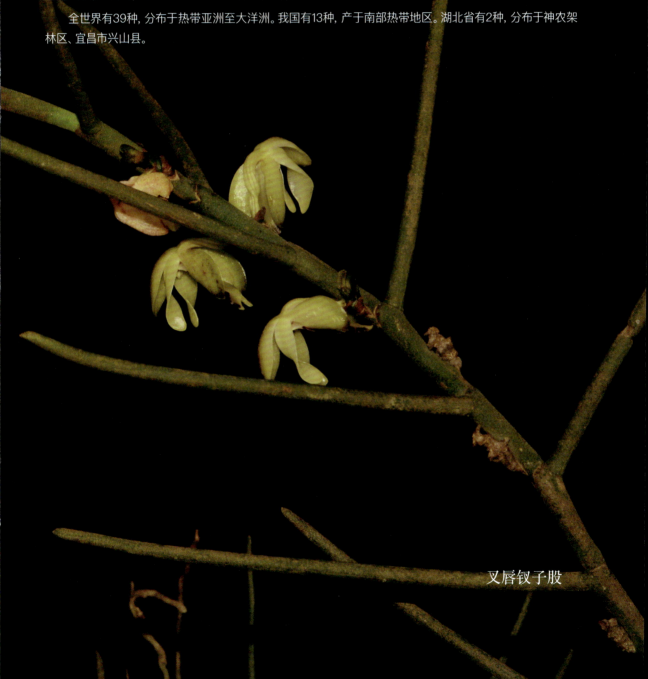

叉唇钗子股

万代兰族 Trib. Vandeae

钗子股属 *Luisia*

130 纤叶钗子股 *Luisia hancockii*

形态特征: 茎长达 20cm, 径 3~4mm; 叶疏生, 肉质, 长 5~9mm, 径 2~2.5mm; 花序长 1~1.5cm, 花序梗粗, 具 2~3 朵花; 花梗和子房长 1~2cm; 花质厚, 开展, 萼片和花瓣黄绿色, 先端钝; 中萼片倒卵状长圆形, 长 6mm, 侧萼片长圆形, 对折, 长 7mm, 背面龙骨状中肋近先端处呈翅状; 花瓣稍斜长圆形, 长 6mm, 唇瓣近卵状长圆形, 长 7mm, 前后唇不明显; 后唇稍凹, 基部两侧具圆耳, 前唇紫色, 先端凹缺, 边缘波状或具圆齿, 上面具 4 条带疣状凸起的纵脊; 药帽前端稍伸长呈翘起的三角形; 花粉团近球形; 蒴果圆柱形。

物候期: 花期 5~6 月, 果期 6~8 月。

生境: 生于海拔 200m 或更高的山谷崖壁上或山地疏生林中树干上。

分布: 宜昌市兴山县。

濒危等级: LC 无危。

纤叶钗子股 生境

万代兰族 Trib. Vandeae   钗子股属 *Luisia*

131 叉唇钗子股 *Luisia teres*

形态特征： 茎长达 55cm，节间长 2.5~2.8cm；叶斜立，肉质，圆柱形；花序长约 1cm，具 1~7 朵花；花梗和子房长约 8mm；花开展，萼片和花瓣淡黄或白色，背面和先端带紫晕；中萼片前倾，卵状长圆形，长 0.8~1.1cm，侧萼片与唇瓣前唇平行前伸，稍两侧对折包前唇两侧边缘，较中萼片长，背面中肋呈翅状，花瓣稍镰状椭圆形，与中萼片近等长，甚窄，唇瓣肉质，白色，上面密被暗紫色斑块，长 1~1.6cm，前后唇不明显，后唇稍凹，基部具耳，前唇近卵形，上面近先端具肉质脊突，先端叉状 2 裂，裂片近三角形，全缘，被细乳突状毛。

物候期： 花期 3~5 月，果期 5~7 月。

生境： 生于海拔 1200~1600m 的山地林中树干上。

分布： 神农架林区。

濒危等级： NT 近危。

五十、钻柱兰属
Pelatantheria Ridl.

  附生草本。茎伸长,多少为扁的三棱形,具多节,质地硬,被宿存的叶鞘所包,有时具分枝,具多数紧密排成二列的叶。叶片革质或稍肉质,常长圆状舌形,先端钝并且不等侧2裂,基部具关节和叶鞘,中部以下常呈V字形对折。总状花序从叶腋长出,很短,具少数朵花;花小,肉质,开展;萼片相似,花瓣较小;唇瓣3裂;侧裂片小,直立;中裂片大,向前伸展,上面中央增厚呈垫状;距狭圆锥形,内面具1条纵向隔膜或脊,而在背壁上方具1个骨质的附属物;蕊柱粗短,顶端具2条长而向内弯曲的蕊柱齿;蕊喙短小;花粉团蜡质,2个,近球形,每个劈裂为不等大的2片,或4个,以不等大的2个为一对;黏盘柄短而宽,具5个上举而弯曲的角;黏盘新月状,比花粉团宽阔。

  全世界有8种,分布于热带喜马拉雅经印度东北部到东南亚。我国有4种,产于西南地区。湖北省产1种,分布于黄冈市英山县、武汉市黄陂区。

蜈蚣兰 生境

万代兰族 Trib. Vandeae

钻柱兰属 *Pelatantheria*

132 蜈蚣兰 *Pelatantheria scolopendrifolia*

形态特征： 植物体匍匐。茎细长、多节，具分枝。叶革质，2 裂互生，彼此疏离，基部具长约 5mm 的叶鞘。花序侧生，常比叶短；花序柄纤细，基部被 1 枚宽卵形的膜质鞘，总状花序具 1~2 朵花；花苞片卵形，先端稍钝；花梗和子房长约 3mm；花质地薄，开展，萼片和花瓣浅肉色；花瓣近长圆形，具 1 条脉；唇瓣白色带黄色斑点，3 裂；侧裂片直立，近三角形，基部中央具 1 条通向距内的褶脊；距近球形，末端凹入，内面背壁上方的胼胝体 3 裂；侧裂片角状，下弯；中裂片基部 2 裂呈马蹄状，其下部密被细乳突状毛；蕊柱粗短上端扩大，基部具短的蕊柱足；蕊喙 2 裂，裂片近方形。

物候期： 花期 4~5 月，果期 5~7 月。

生境： 生于海拔 450~1800m 的山坡常绿阔叶林下、沟谷或路旁灌木丛下或山坡草地上。

分布： 黄冈市英山县、武汉市黄陂区。

濒危等级： LC 无危。

五十一、蝴蝶兰属
Phalaenopsis Blume

附生草本。根肉质，发达，从茎的基部或下部的节上发出，长而扁。茎短，具少数枚近基生的叶。叶质地厚，扁平，椭圆形、长圆状披针形，通常较宽，基部多少收狭，具关节和抱茎的鞘。花序侧生于茎的基部，直立或斜出，分枝或不分枝，具少数至多数朵花；花苞片小，比花梗和子房短；花小至大，十分美丽，花期长，开放；萼片近等大，离生；花瓣通常近似萼片而较宽阔，基部收狭或具爪；唇瓣基部具爪，贴生于蕊柱足末端，无关节，3裂；侧裂片直立，与蕊柱平行，基部不下延，与中裂片基部不形成距；中裂片较厚，伸展；唇盘在两侧裂片之间或在中裂片基部常有肉突或附属物；蕊柱较长，中部常收窄，通常具翅，基部具蕊柱足；蕊喙狭长，2裂；药床浅，药帽半球形；花粉团蜡质，2个，近球形；黏盘柄近匙形，上部扩大，向基部变狭；黏盘片状，比黏盘柄的基部宽。

全世界约70种，分布于热带亚洲至澳大利亚。我国有18种，产于南方诸省区市。湖北省有1种，分布于恩施土家族苗族自治州宣恩县，宜昌市五峰土家族自治县。

短茎萼脊兰

万代兰族 Trib. Vandeae

蝴蝶兰属 *Phalaenopsis*

133 东亚蝴蝶兰 *Phalaenopsis subparishii*

形态特征：茎长1~2cm，具扁平、长而弯曲的根；叶近基生，长圆形或倒卵状披针形；花序长达10cm；花有香气，稍肉质，开展，黄绿色带淡褐色斑点；中萼片近长圆形，先端细尖而下弯，背面中肋翅状，侧萼片与中萼片相似较窄，背面中肋翅状；花瓣近椭圆形，先端尖，唇瓣3裂，与蕊柱足形成活动关节，侧裂片半圆形，稍有齿；中裂片肉质，窄长圆形，背面近先端具喙状突起，上面具褶片，全缘；距角状，距口前方具圆锥形胼胝体；蕊柱长约1cm，蕊柱足几不可见；蕊柱翅向蕊柱顶端延伸为蕊柱齿；蕊喙伸长，下弯，2裂；裂片长条形；药帽前端收窄；粘盘柄扁线形，常对折，向基部渐狭，粘盘近圆形。

物候期：花期4~5月，果期5~7月。

生境：海拔300~1100m的山坡林中树干上。

分布：宜昌市五峰土家族自治县、恩施土家族苗族自治州宣恩县。

濒危等级：EN 濒危。

214

东亚蝴蝶兰

东亚蝴蝶兰

五十二、带叶兰属
Taeniophyllum Blume

小型草本植物。茎短，几不可见，无绿叶，基部被多数淡褐色鳞片，具许多长而伸展的气生根。气生根圆柱形，扁圆柱形或扁平，紧贴于附体的树干表面，雨季常呈绿色，旱季时浅白色或淡灰色。总状花序直立，具少数朵花，花序柄和花序轴很短；花苞片宿存，2裂或多裂互生；花小，通常仅开放约一天；萼片和花瓣离生或中部以下合生成筒；唇瓣不裂或3裂，着生于蕊柱基部，基部具距，先端有时具倒向的针刺状附属物；距内无任何附属物；蕊柱粗短，无蕊柱足；药帽前端伸长而收狭；花粉团蜡质，4个、等大或不等大，彼此分离；黏盘柄短或狭长；黏盘长圆形或椭圆形，明显比黏盘柄宽。

全世界有185种，主要分布于热带亚洲和大洋洲，向北到达我国南部和日本，也见于西非。我国有3种，湖北省产1种，分布于宜昌市五峰土家族自治县。

带叶兰

万代兰族 Trib. Vandeae

带叶兰属 *Taeniophyllum*

134 带叶兰 *Taeniophyllum glandulosum*

形态特征： 植物体小，无绿叶，具发达的根。茎几无，被多数褐色鳞片。根许多、簇生，稍扁而弯曲，伸展呈蜘蛛状着生于树干表皮。总状花序 1~4 个，直立，具 1~4 朵小花；花序柄和花序轴纤细，黄绿色；花苞片 2 裂，质地厚，卵状披针形，先端近锐尖；花梗和子房长 1.5~2mm；花黄绿色，很小，萼片和花瓣在中部以下合生成筒状，上部离生；中萼片卵状披针形，上部稍外折，先端近锐尖，在背面中肋呈龙骨状隆起；侧萼片相似于中萼片，近等大，背面具龙骨状的中肋；花瓣卵形，先端锐尖；唇瓣卵状披针形，向先端渐尖，先端具 1 个倒钩的刺状附属物，基部两侧上举而稍内卷；距短囊袋状，末端圆钝，距口前缘具 1 个肉质横隔；蕊柱长约 0.5mm，具一对斜举的蕊柱臂；药帽半球形，前端不伸长，具凹缺刻。蒴果椭圆状圆柱形。

物候期： 花期 4~7 月，果期 5~8 月。

生境： 生于海拔 480~800m 的山地林中树干上。

分布： 宜昌市五峰土家族自治县。

濒危等级： LC 无危。

五十三、白点兰属
Thrixspermum Lour.

　　附生草本。茎上举或下垂，短或伸长，有时匍匐状，具少数至多数枚近2裂的叶。叶扁平，密生而斜立于短茎或较疏散地互生在长茎上。总状花序侧生于茎，长或短，单个或数个，具少数至多数朵花；花苞片常宿存；花小至中等大，逐渐开放，花期短，常1天后凋萎；花苞片2裂或呈螺旋状排列，萼片和花瓣多少相似，短或狭长；唇瓣贴生在蕊柱足上，3裂；侧裂片直立，中裂片较厚，基部囊状或距状，囊的前面内壁上常具1枚胼胝体；蕊柱粗短，具宽阔的蕊柱足；花粉团蜡质，4个，近球形，每不等大的2个成一群；黏盘柄短而宽；黏盘小或大，常呈新月状。蒴果圆柱形，细长。

　　全世界161种，分布于热带亚洲至大洋洲。我国16种，产于南方诸省区市，尤其台湾省。湖北省有2种，分布于恩施土家族苗族自治州宣恩县、宜昌市五峰土家族自治县。

小叶白点兰

万代兰族 Trib. Vandeae

白点兰属 *Thrixspermum*

135 小叶白点兰 *Thrixspermum japonicum*

形态特征： 茎纤细，具多枚叶；叶薄革质，长圆形或倒卵状披针形，先端钝，微2裂；花序对生于叶，多少等长于叶；花序柄纤细，被2枚鞘；花序轴长3~5mm，不增粗，疏生少数朵花；花苞片疏离、2裂，宽卵状三角形，先端钝尖；花梗和子房长约5mm；花淡黄色；中萼片长圆形，先端钝，具3条脉；侧萼片卵状披针形，与中萼片等长而稍较宽，先端钝，具3条脉；花瓣狭长圆形，先端钝，具1条脉；唇瓣基部具长约1mm的爪、3裂；侧裂片近直立而向前弯曲，狭卵状长圆形，上端圆形；中裂片很小，半圆形，肉质，背面多少呈圆锥状隆起。

物候期： 花期5~7月，果期7~9月。

生境： 常生于海拔900~1000m的沟谷、河岸的林缘树枝上。

分布： 宜昌市五峰土家族自治县、恩施土家族苗族自治州宣恩县。

濒危等级： VU 易危。

小叶白点兰

万代兰族 Trib. Vandeae

白点兰属 *Thrixspermum*

136 长轴白点兰 *Thrixspermum saruwatarii*

形态特征: 植株高20~55cm;根状茎指状,弓曲;茎下部具2~3枚大叶,其上具1至几枚小叶;大叶匙形或窄长圆形;花序疏生10~20余朵花;苞片窄披针形,花淡黄绿色,中萼片舟状,宽卵形,侧萼片斜窄椭圆形,较中萼片略窄长;花瓣直立,窄长圆状披针形,与中萼片靠合,稍肉质,先端钝或近平截唇瓣前伸,稍下弯,舌状披针形,肉质,基部两侧具近半圆形侧裂片,中裂片舌状披针形或舌状;距细圆筒状。

物候期: 花期7~8月,果期8~10月。

生境: 生于树干上,灌木林缘苔藓覆盖的岩石上或岩壁上,海拔1600~3100m。

分布: 仅有标本记录收藏于中国科学院武汉植物园。

濒危等级: VU 易危。

五十四、万代兰属
Vanda Jones ex R.Br.

地生草本,地下具假鳞茎。假鳞茎球茎状或圆筒状,后者貌似肉质根状茎。叶1枚,生于假鳞茎顶端,通常卵形至卵状椭圆形,有时有紫斑,基部骤然收狭成柄,花期有叶或叶已凋萎。花葶亦发自假鳞茎近顶端处,直立,明显长于叶,基部有鞘;总状花序疏生多朵花;花苞片很小或早落;花较小;萼片与花瓣离生,相似或花瓣略小,展开;唇瓣从下部或近基部处3裂,有时唇盘上有小的肉质突起,基部有长距;距圆筒状,较纤细,常向后平展或向上斜展;蕊柱近直立,中等长;花粉团4个,蜡质,有明显的黏盘柄和不甚明显的黏盘。

全属7种,分布于美国、加拿大、日本、印度和我国的台湾、四川和西藏。我国有4种,湖北省产2种,分布于神农架林区,恩施土家族苗族自治州鹤峰县、利川市,以及宜昌市五峰土家族自治县。

风兰

万代兰族 Trib. Vandeae

万代兰属 *Vanda*

137 风兰 *Vanda falcata*

形态特征： 植株高 8~10cm；茎长 1~4cm，稍扁，被叶鞘所包；叶厚革质，狭长圆状镰刀形，长 5~12cm，宽 7~10mm，基部具彼此套叠的 V 字形鞘；总状花序，具 2~5 朵花；花苞片卵状披针形；花白色，芳香；中萼片近倒卵形，先端钝，具 3 条脉；侧萼片向前叉开，与中萼片相似而等大，上半部向外弯，背面中肋近先端处龙骨状隆起；花瓣倒披针形或近匙形，先端钝，具 3 条脉；唇瓣肉质，3 裂；侧裂片长圆形，先端钝；中裂片舌形，先端钝并且凹缺，基部具 1 枚三角形。

物候期： 花期 4~5 月，果期 6~7 月。

生境： 生于海拔达 1520m 的山地林中树干上。

分布： 恩施土家族苗族自治州鹤峰县。

濒危等级： EN 濒危。

万代兰族 Trib. Vandeae

万代兰属 *Vanda*

138 短距风兰 *Vanda richardsiana*

形态特征: 植株簇生。茎长约 1.5cm,被宿存而对折的叶鞘所包。叶 2 裂互生,向外弯,V 字形对折,先端稍斜 2 裂,基部彼此套叠。总状花序密生少数朵花,具长约 8mm 的花序柄;花苞片干膜质,卵形并向上凹起;花梗和子房长约 5cm;花白色,无香气,萼片和花瓣基部以及子房顶端淡粉红色;中萼片长圆形,先端短尖;侧萼片斜长圆状倒披针形,基部具短爪,先端翘起,背面中肋隆起;花瓣斜长圆形,先端钝;唇瓣 3 裂,侧裂片斜倒披针形;中裂片舌形,先端钝,稍下弯,基部具 1 枚胼胝体;距弧曲;蕊柱粗短。蒴果具 6 个肋。

物候期: 花期 4~6 月,果期 6~7 月。

生境: 生于海拔 900~1700m 的山地或岩壁上。

分布: 宜昌市五峰土家族自治县、恩施土家族苗族自治州利川市。

濒危等级: CR 极危。

短距风兰　生境

参 考 文 献

费永俊，吴广宇，王燕，等，2004. 湖北兰科植物的分布及其生态适应性研究 [J]. 河南科技大学学报（农学版）(3): 18-21.

傅书遐，张树藩，郑洁华，等，2002. 湖北植物志：第 4 卷 [M]. 武汉：湖北科学技术出版社.

金伟涛，向小果，金效华，2015. 中国兰科植物属的界定：现状与展望 [J]. 生物多样性，23(2): 237-242.

金效华，李剑武，叶德平，2019. 中国野生兰科植物原色图鉴 [M]. 郑州：河南科学技术出版社.

杨林森，王志先，王静，等，2017. 湖北兰科植物多样性及其区系地理特征 [J]. 广西植物，37(11): 1428-1442.

郑重，1983. 湖北植物区系特点与植物分布概况的研究 [J]. 武汉植物学研究，2: 165-175, 339-340.

中国科学院中国植物志编辑委员会，1999. 中国植物志：第 17 卷. 北京：科学出版社.

中国科学院中国植物志编辑委员会，1999. 中国植物志：第 18 卷. 北京：科学出版社.

中国科学院中国植物志编辑委员会，1999. 中国植物志：第 19 卷. 北京：科学出版社.

CAMERON K M, CHASE M W, WHITTEN W M, et al., 1999. A phylogenetic analysis of the Orchidaceae:Evidence from rbcL Nucleotide Sequences[J]. American journal of botany, 86(2): 208-224.

CHASE M W,KENNETH M C,JOHN V F,et al.,2015.An updated classification of Orchidaceae[J]. Botanical journal of the linnean society,177(2):151-174.

GARDINER L M, 2012. New combinations in the genus Vanda (Orchidaceae)[J]. Phytotaxa, 61(1): 47-54.

KOCYAN A, SCHUITEMAN A, 2014. New combinations in Aeridinae (Orchidaceae)[J]. Phytotaxa, 161(1): 61-85.

LI Y L, TONG Y, YE W, et al., 2017. *Oberonia sinica* and *O. pumilum* var. *rotundum* are new synonyms of *O. insularis* (Orchidaceae, Malaxideae)[J]. Phytotaxa, 321(2): 213-218.

PIDGEON A M, CRIBB P J, CHASE M W, et al.,1988. Genera Orchidacearum: Volume 1: General Introduction, Cypripedioideae[M]. Oxford: Oxford University Press.

PRIDGEON A M, CRIBB P J, CHASE M W, et al., 2001. Genera Orchidacearum: Volume 2: Orchidoideae (Part one) [M]. Oxford: Oxford University Press.

PRIDEGON A M, CRIBB P J, CHASE M W, et al., 2003. Genera Orchidacearum: Volume 3: Orchidoideae (Part two), Vanilloideae[M]. Oxford: Oxford University Press.

QIN Y, CHEN H L, DENG Z H, et al., 2021. *Aphyllorchis yachangensis* (Orchidaceae), a new holomycotrophic orchid from China[J]. PhytoKeys, 179(4): 91-97.

YAN Q, LI X W, WU J Q, 2021. *Bulbophyllum hamatum* (Orchidaceae), a new species from Hubei, central China [J]. Phytotaxa, 523(3): 269-272.

YU F Q, DENG H P, WANG Q, et al., 2017. *Calanthe wuxiensis* (Orchidaceae: Epidendroideae), a new species from Chongqing, China[J]. Phytotaxa, 317(2): 152.

附录1 湖北省野生兰科植物中文名索引

附录2 湖北省野生兰科植物学名索引

① 括号内为异名，下同。